吉林省矿产资源潜力评价系列成果，是所有在白山松水间辛勤耕耘的几代地质工作者集体智慧的结晶。

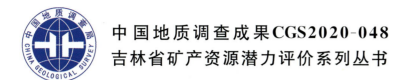

中国地质调查成果CGS2020-048
吉林省矿产资源潜力评价系列丛书

吉林省硼矿矿产资源潜力评价

JILIN SHENG PENGKUANG KUANGCHAN ZIYUAN QIANLI PINGJIA

于 城 松权衡 庄毓敏 李德洪 等编著

图书在版编目(CIP)数据

吉林省硼矿矿产资源潜力评价/于城等编著. —武汉:中国地质大学出版社,2021.3
(吉林省矿产资源潜力评价系列丛书)
ISBN 978-7-5625-4864-5

Ⅰ.①吉…
Ⅱ.①于…
Ⅲ.硼矿床-矿产资源-资源潜力-资源评价-吉林
Ⅳ.①P619.206.234

中国版本图书馆 CIP 数据核字(2021)第 181428 号

吉林省硼矿矿产资源潜力评价	于 城 松权衡 庄毓敏 李德洪 等编著	
责任编辑:张燕霞	选题策划:毕克成 段 勇 张 旭	责任校对:徐蕾蕾

出版发行:中国地质大学出版社(武汉市洪山区鲁磨路388号)　　　　　　　邮编:430074
电　　话:(027)67883511　　　传　　真:(027)67883580　　E-mail:cbb@cug.edu.cn
经　　销:全国新华书店　　　　　　　　　　　　　　　　　　　http://cugp.cug.edu.cn

开本:880毫米×1230毫米　1/16　　　　　　　　　　字数:159千字　　　印张:5
版次:2021年3月第1版　　　　　　　　　　　　　　印次:2021年3月第1次印刷
印刷:武汉中远印务有限公司

ISBN 978-7-5625-4864-5　　　　　　　　　　　　　　　　　　　　　　定价:128.00元

如有印装质量问题请与印刷厂联系调换

吉林省矿产资源潜力评价系列丛书编委会

主　任：林绍宇
副主任：李国栋
主　编：松权衡
委　员：赵　志　赵　明　松权衡　邵建波　王永胜
　　　　于　城　周晓东　吴克平　刘颖鑫　闫喜海

《吉林省硼矿矿产资源潜力评价》

编著者：于　城　松权衡　庄毓敏　李德洪　杨复顶
　　　　王　信　李　楠　李任时　王立民　徐　曼
　　　　张　敏　闫　冬　袁　平　任　光　马　晶
　　　　杨正萌　李　斌　崔德荣　刘　爱　王鹤霖
　　　　岳宗元　付　涛

前　言

本书是吉林省矿产资源潜力评价系列丛书中的一本,是在吉林省硼矿矿产资源潜力评价成果报告基础上,经编写者修编完善而成。

该书全面系统地总结了吉林省硼矿资源概况;开展了集安高台沟硼矿典型矿床研究,建立了典型矿床的成矿模式;研究了集安高台沟硼矿区域内地质、物探、化探等控矿因素,建立了典型矿床的预测模型;在系统总结硼矿区域成矿规律基础上,结合典型矿床的研究成果,确定了硼矿的区域成矿要素和预测要素,建立了区域成矿模式和预测模型,并建立了硼矿成矿谱系;依据区域成矿模式和预测模型开展了硼矿找矿远景区圈定工作,在高台沟预测工作区圈定出 1 个 A 级找矿远景区,1 个 B 级找矿远景区。

预测工作中充分应用了现代矿产资源预测评价的理论方法和 GIS 评价技术,并用 MRAS 系统进行了找矿远景区圈定工作。

本次硼矿矿产资源潜力预测评价工作,基本摸清了吉林省硼矿矿产资源潜力及其空间分布,为矿产资源规划及硼矿矿产资源开发奠定了坚实的基础。

在硼矿矿产资源潜力评价过程中,以及在本书的编著过程中,得到省内外专家很多宝贵的意见,并且书中参考和援引了大量前人的勘查和研究成果,应是地质工作者集体劳动智慧的总结,在此,对做出贡献的地质勘查工作者、科研工作者以及提出宝贵意见的专家表示诚挚的感谢!

编著者

2020 年 6 月

目 录

- 第一章 概　述 …………………………………………………………………………………… (1)
  - 第一节　工作概况 ……………………………………………………………………………… (1)
  - 第二节　组织机构及项目管理 ………………………………………………………………… (3)
  - 第三节　以往工作程度 ………………………………………………………………………… (3)
  - 第四节　主要成果 ……………………………………………………………………………… (11)
- 第二章 地质矿产概况 …………………………………………………………………………… (13)
  - 第一节　成矿地质背景 ………………………………………………………………………… (13)
  - 第二节　区域矿产特征 ………………………………………………………………………… (14)
  - 第三节　区域地球物理、地球化学、遥感、自然重砂特征 …………………………………… (17)
- 第三章 预测评价技术思路和工作要求 ………………………………………………………… (19)
  - 第一节　工作思路和工作原则 ………………………………………………………………… (19)
  - 第二节　技术路线和工作流程 ………………………………………………………………… (19)
- 第四章 成矿地质背景研究 ……………………………………………………………………… (21)
  - 第一节　技术流程 ……………………………………………………………………………… (21)
  - 第二节　建造构造特征 ………………………………………………………………………… (21)
  - 第三节　大地构造特征 ………………………………………………………………………… (22)
- 第五章 典型矿床与区域成矿规律研究 ………………………………………………………… (24)
  - 第一节　技术流程 ……………………………………………………………………………… (24)
  - 第二节　典型矿床研究 ………………………………………………………………………… (25)
  - 第三节　预测工作区成矿规律研究 …………………………………………………………… (32)
- 第六章 物化遥、自然重砂应用 ………………………………………………………………… (35)
  - 第一节　物　探 ………………………………………………………………………………… (35)
  - 第二节　化　探 ………………………………………………………………………………… (37)
  - 第三节　遥　感 ………………………………………………………………………………… (37)
  - 第四节　自然重砂 ……………………………………………………………………………… (39)
- 第七章 矿产预测 ………………………………………………………………………………… (41)
  - 第一节　矿产预测方法类型及预测模型区选择 ……………………………………………… (41)
  - 第二节　矿产预测模型与预测要素图编制 …………………………………………………… (42)
  - 第三节　预测区圈定 …………………………………………………………………………… (46)
  - 第四节　预测要素变量的构置与选择 ………………………………………………………… (47)
  - 第五节　预测区优选 …………………………………………………………………………… (48)
  - 第六节　资源量定量估算 ……………………………………………………………………… (49)
  - 第七节　预测区地质评价 ……………………………………………………………………… (50)

第八章 吉林省硼矿成矿规律总结	(52)
第一节 硼矿成矿规律	(52)
第二节 成矿区(带)划分	(64)
第三节 区域硼矿成矿规律图编制	(64)
第九章 勘查部署建议	(66)
第一节 已有勘查程度	(66)
第二节 矿业权设置情况	(66)
第三节 勘查部署建议	(66)
第四节 勘查机制建议	(67)
第十章 总 结	(68)
主要参考文献	(69)

第一章 概 述

第一节 工作概况

一、项目来源

为了贯彻落实《国务院关于加强地质工作的决定》中提出的"积极开展矿产远景调查和综合研究,科学评估区域矿产资源潜力,为科学部署矿产资源勘查提供依据"的要求和精神,国土资源部(现自然资源部)部署了"全国矿产资源潜力评价"工作。"吉林省矿产资源潜力评价"为"全国矿产资源潜力评价"的省级工作项目,根据中国地质调查局地质调查项目任务书要求,"吉林省矿产资源潜力评价"项目由吉林省地质调查院承担。

项目编码:1212011121005

任务书编号:资〔2011〕02-39-07号、资〔2012〕02-001-007号

所属计划项目:全国矿产资源潜力评价

项目承担单位:吉林省地质调查院

归口管理部室:资源评价部

项目性质:资源评价

项目工作时间:2007—2012年

项目参加单位:吉林省区域地质调查研究所

二、工作目标

(1)在现有地质工作程度基础上,充分利用吉林省基础地质调查与矿产勘查工作成果和资料,充分应用现代矿产资源预测评价的理论方法和GIS评价技术,开展全省硼矿资源潜力评价,基本摸清硼矿资源潜力及其空间分布。

(2)开展吉林省与硼矿有关的成矿地质背景、成矿规律、物探、化探、遥感、自然重砂、矿产预测等项工作的研究,编制各项工作的基础图件和成果图件,建立吉林省硼矿资源潜力评价相关的地质、矿产、物探、化探、遥感、重砂空间数据库。

(3)培养一批综合型地质矿产人才。

三、工作任务

1. 成矿地质背景

对吉林省已有的区域地质调查和专题研究等资料包括沉积岩、火山岩、侵入岩、变质岩、大型变形构造等各个方面，按照大陆动力地学理论和大地构造相工作方法，依据技术要求的内容、方法和程序进行系统整理归纳。以1：25万实际材料图为基础，编制吉林省沉积（盆地）建造构造图、火山岩相构造图、侵入岩浆构造图、变质建造构造图以及大型变形构造图，从而完成吉林省1：50万大地构造相图的编制工作；在初步分析成矿大地构造环境的基础上，按硼矿矿产预测类型的控制因素以及分布，分析成矿地质构造条件，为硼矿矿产资源潜力评价提供成矿地质背景和地质构造预测要素信息，为"吉林省硼矿矿产资源潜力评价"项目提供区域性和评价区基础地质资料，完成吉林省硼矿成矿地质背景课题研究工作。

2. 成矿规律与矿产预测

在现有地质工作程度基础上，全面总结吉林省基础地质调查和矿产勘查工作成果及资料，充分应用现代矿产资源预测评价的理论方法和 GIS 评价技术，开展硼矿矿产资源潜力预测评价，基本摸清吉林省重要矿产资源潜力及其空间分布。

开展硼典型矿床研究，提取典型矿床的成矿要素，建立典型矿床的成矿模式；研究典型矿床区域内地质、物化探、遥感和矿产勘查等综合成矿信息，提取典型矿床的预测要素，建立典型矿床的预测模型；在典型矿床研究的基础上，结合地质、物化探、遥感和矿产勘查等综合成矿信息确定硼矿的区域成矿要素和预测要素，建立区域成矿模式和预测模型。深入开展全省范围的硼矿区域成矿规律研究，建立硼矿成矿谱系，编制硼矿成矿规律图；按照全国统一划分的成矿区（带），充分利用地质、物化探、遥感和矿产勘查等综合成矿信息，圈定成矿远景区和找矿靶区，逐个评价Ⅴ级成矿远景区资源潜力，并进行分类排序；编制硼矿成矿规律与预测图。以地表至2000m以浅为主要预测评价深度范围，进行硼矿资源量估算。汇总全省硼矿预测总量，编制硼矿预测图、勘查工作部署建议图、未来开发基地预测图。

以成矿地质理论为指导，以吉林省矿区和区域成矿地质构造环境及成矿规律研究为基础，以物探、化探、遥感、自然重砂先进的找矿方法为科学依据，为建立矿床成矿模式、区域成矿模式及区域成矿谱系研究提供信息，为圈定成矿远景区和找矿靶区、评价成矿远景区资源潜力、编制成矿区（带）成矿规律与预测图提供可靠的基础资料。

3. 信息集成

对1：50万地质图数据库、1：20万数字地质图空间数据库、吉林省矿产地数据库、1：20万区域重力数据库、航磁数据库、1：20万化探数据库、自然重砂数据库、吉林省工作程度数据库、典型矿床数据库进行全面系统维护，为吉林省重要矿产资源潜力评价提供基础信息数据。

用 GIS 技术服务于矿产资源潜力评价工作的全过程（解释、预测、评价和最终成果的表达）。

资源潜力评价过程中针对各专题进行信息集成工作，建立吉林省重要矿产资源潜力评价信息数据库。

建立并不断完善硼矿矿产资源潜力评价相关的物探、化探、遥感、自然重砂数据库和省级资源潜力预测评价综合信息集成空间数据库，为今后开展矿产勘查的规划部署奠定扎实基础。

第二节 组织机构及项目管理

以省领导小组办公室为管理核心,以项目总负责、技术负责、各专题项目负责为主要管理人员,具体开展如下管理工作:

(1)与"全国矿产资源潜力评价"项目管理办公室(以下简称全国项目办)、沈阳地质调查中心进行业务沟通与联系。及时传达中国地质调查局资源评价部、全国项目办、沈阳地质调查中心的技术要求与行政管理精神,并组织好"吉林省矿产资源潜力评价"项目的工作开展,做到及时、准确地与中国地质调查局资源评价部、全国项目办、沈阳地质调查中心的业务沟通与联系。

(2)落实省领导小组、领导小组办公室的指示。对领导小组、领导小组办公室针对项目实施过程中存在的各种问题所做出的指示或指导性意见与建议,要及时地予以落实,并在工作中实施或修正。

(3)协调省内各地勘行业地质成果资料的统一使用。由于本次工作需要的资料种类齐全,涉及矿种多,尤其是以往形成的原始资料,要协调地质资料馆和地勘行业部门或行业内部的单位,将已经取得的成果统一使用。

(4)组织业务培训。组织项目组技术骨干参加全国项目办组织的各种业务培训。经常组织项目组全体人员开展业务讨论。使每一个项目组成员对项目的重要性、技术要求都有比较深入的了解,更好地理解统一组织、统一思路、统一方法、统一标准、统一进度的基本工作原则,发挥项目组成员主观能动性和各方面优势,使项目有序、融合、协调、和谐地开展。

(5)组织省内、省际及全国的业务技术交流。为了使项目更加顺利地开展,组织项目组的技术骨干到工作开展速度快、水平较高并且阶段性成果比较显著的省份进行学习和业务交流。

(6)解决项目实施中的技术问题。由于吉林省矿产资源潜力评价在吉林省地质工作历史上尚属首次,所采用的全部是新理论、新技术、新方法,所以在项目开展的实际工作中,既会存在对新理论理解和认识上的偏差,也会存在对新技术理解、认识、应用上的难点,对新方法的实际应用难免会存在这样或那样的问题。管理组要针对项目实施中存在的技术问题及时予以解决,保障项目的顺利开展。解决办法包括项目组的技术负责人员或专业技术人员自行研究解决,另外是与全国项目办或专题组进行沟通,共同研究解决办法,实现技术问题的及时解决。

(7)严格质量管理,建立健全三级质量管理体系,对质量进行严格考核。

第三节 以往工作程度

一、基础地质工作程度

吉林省完成1:25万区域地质调查$13.5\times10^4 km^2$;1:20万区域地质调查$13\times10^4 km^2$;1:5万区域地质调查约$6.5\times10^4 km^2$,见图1-3-1—图1-3-3。

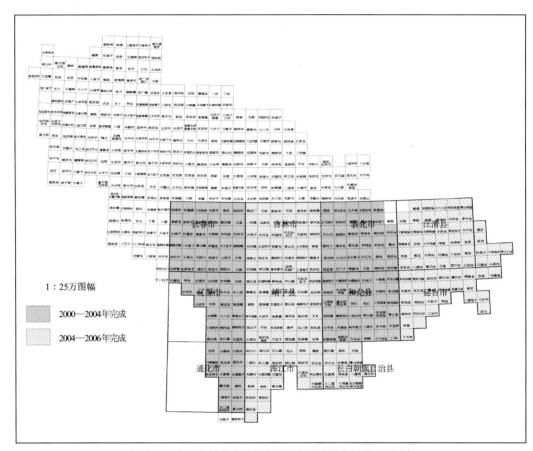

图 1-3-1　吉林省 1:25 万区域地质调查工作程度图

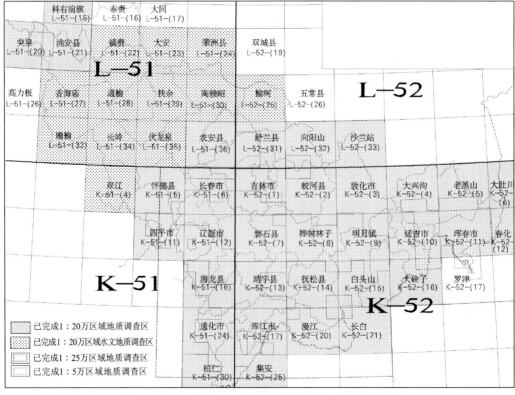

图 1-3-2　吉林省 1:20 万区域地质调查工作程度图

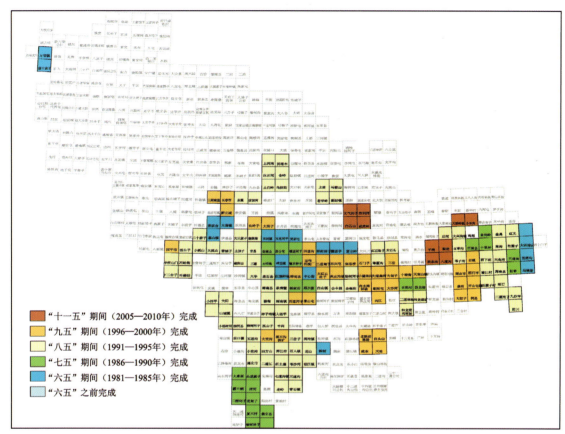

图 1-3-3　吉林省 1∶5 万区域地质调查工作程度图

二、重力、磁测、化探、遥感、自然重砂调查及研究

(一)物探工作程度

1. 重力

吉林省完成 1∶20 万比例尺重力调查 $12×10^4 km^2$，见图 1-3-4。

2. 航磁

吉林省完成 1∶20 万航磁测量 $18.74×10^4 km^2$，1∶5 万航磁 $9.749×10^4 km^2$，1∶5 万航电 $9000 km^2$，见图 1-3-5。

(二)化探工作程度

吉林省完成 1∶20 万区域化探工作 $12.3×10^4 km^2$，1∶5 万化探约 $3×10^4 km^2$，见图 1-3-6。

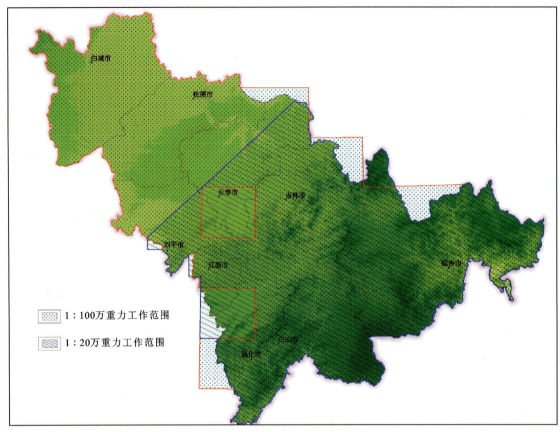

图 1-3-4 吉林省重力工作程度图

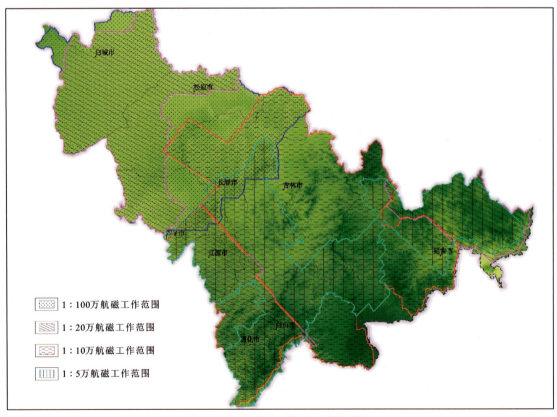

图 1-3-5 吉林省航磁工作程度图

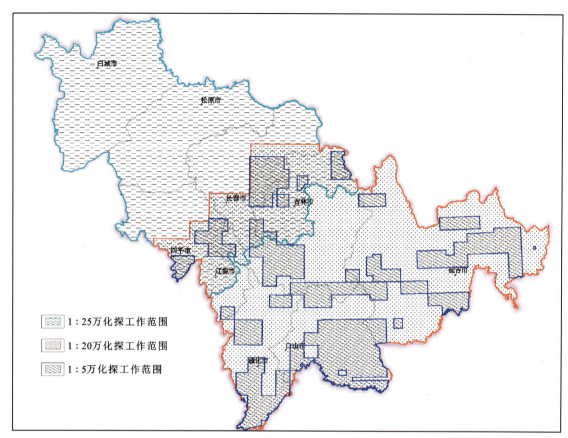

图 1-3-6 吉林省地球化学工作程度图

(三)遥感工作程度

目前,吉林省完成的遥感调查工作主要有"应用遥感技术对吉林省南部金-多金属成矿规律的初步研究""吉林省东部山区贵金属及有色金属矿产预测"项目中的遥感图像地质解译、"吉林省 ETM 遥感图像制作"以及 2005 年由吉林省地质调查院完成了吉林省 1∶25 万 ETM 遥感图像制作,见图 1-3-7。

(四)自然重砂工作程度

1∶20 万自然重砂测量工作覆盖了吉林省东部山区。1∶5 万重砂测量工作完成了近 20 幅,见图 1-3-8。

三、矿产勘查及成矿规律研究

(一)工作程度

1956 年,东北地质局对该区进行了以硼、云母、石棉为主的矿产普查工作。1958 年 5 月,吉林省地质局通化地质大队根据群众报矿的线索,对高台沟矿区以一定工程间距进行槽井探揭露,通过矿点检查发现 2 个硼矿体,初步肯定有进一步工作价值。

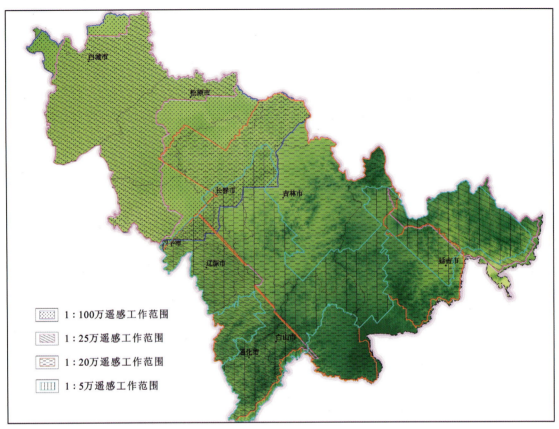

图 1-3-7 吉林省遥感工作程度图

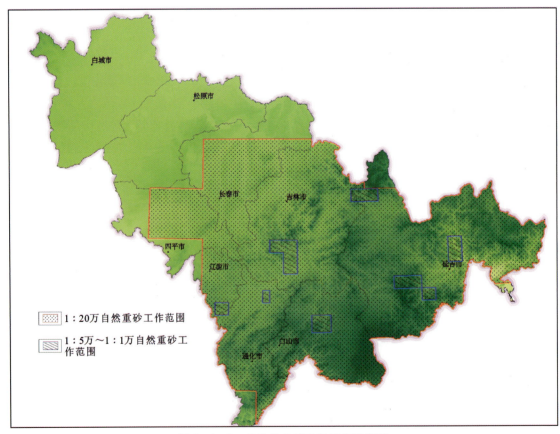

图 1-3-8 吉林省自然重砂工作程度图

1959—1960年,吉林省地质局通化地质大队对高台沟硼矿进行较系统的评价工作,地表以25～50m探槽间距控制含硼层位及硼矿体,深部用100m×100m及100m×50m钻探网度进行控制,从而发现了7个硼矿体,并肯定了主要硼矿体是以盲矿体形式产出,其长度近千米,基本肯定了矿床的工业价值,为勘探工作打下了基础。

1962年,吉林省地质局对高台沟矿区进行了系统的勘探工作,确定该硼矿属第Ⅱ勘探类型,以50m×50m及100m×50m钻探网度求工业储量,以100m×100m网度求远景储量。整个矿床投入钻探工作量19 528m、坑探55m、浅井7416m、探槽58 949m³,完成1:2000地质填图2.3km²。发现硼矿体13个,其中工业矿体11个,同时对硼矿石可选性进行了实验室浮选方法试验。整个硼矿床勘探的野外工作于1966年6月完成。同年10月提交了《吉林省集安县高台沟硼矿地质勘探报告》。1964年6月提交了《吉林省集安县高台沟硼矿床中间勘探报告》,满足了矿山建设的需要。

20世纪60年代初期,从总结矿床地质规律入手,明确提出了矿床成因应属于沉积变质类型。混合岩化作用、热液作用是后期对矿床改造富集因素,是第二位的。由于认识上有新的飞跃,改变了20世纪50年代中—末期国内外曾经流行的硼矿的镁质矽卡岩热液交代说的看法,对整个地质工作部署进行了重要调整,在1962—1965年期间,完成1:5万、1:1万、1:2000地质填图与不同层次找矿工作,正确地指导硼矿评价勘探与研究工作的思路,取得了明显的地质效果。

20世纪80年代初期,在开展本区第二轮硼矿普查时,通过对典型矿床的深入研究,明确而完整地提出区内硼矿属沉积变质混合岩化再造的层控矿床。运用这种观点,仅用2年时间就完成了四道河子硼矿床的详查评价,又提交了1处中型隐伏的硼矿床(储量没上表)。

1979年编写了吉林省重要矿产总结报告。1983年进行了华北板块北缘东段金、多金属矿远景区划和成矿规律及找矿方向研究。1987—1992年进行了东部山区金、银、铜、铅、锌、锑和锡7种矿产的1:20万成矿预测,在收集、总结和研究大量地质、物探、化探、遥感资料的基础上,以"活动论"的观点和多学科相结合的方法,对吉林省成矿地质背景、控矿条件和成矿规律进行了较深入的研究和总结,较合理地划分成矿区(带)和找矿远景区,为科学地部署找矿工作奠定较扎实的基础。2000—2001年陈尔臻等对吉林省典型矿床、重要矿床、重要成矿区(带)进行了成矿规律研究。据不完全统计,到目前为止已经开展过30余处大中型典型矿床的成矿规律研究,在所有重要成矿带上都开展了不同程度的成矿规律研究,将吉林省地质矿产研究提高到了一个新的水平。

2007年至今,中国地质调查局在全国组织、实施国土资源部(现自然资源部)关于国土资源地质大调查计划,吉林省根据地质大调查的精神,在重要的成矿区(带)加强研究和开展前期地质工作,在集安成矿区硼矿矿集区继续开展深入评价,希望能发现一批具有较好找矿线索的矿点及矿化点。

（二）成矿规律研究及矿产预测

为了科学地部署矿产勘查工作,自1980年以来吉林省相继开展镍、金、铁、铅锌等矿种成矿区划和资源总量预测,同时对吉林省重要成矿区(带)开展专题研究,如华北地台北缘、地槽区早古生代、中生代火山岩区镍、金、铁、铅锌、硼等的成矿规律和找矿方向研究。

一轮成矿区划非金属矿产预测研究:全面系统地总结了吉林省黑色、有色、贵金属、非金属矿产调查研究;系统研究与总结了与基性—超基性岩有关的矿产;在硼矿的成因类型划分上,突出了成矿时代、成矿作用、成矿环境、成矿地质背景、成矿特点;划分了1个硼矿的成矿期,阐明了成矿的不可逆性,探讨了硼矿随构造环境演化的成矿规律。

二轮成矿区划非金属矿产预测研究:通过地质、物探、化探综合分析,进一步认定和重新确认的与贵金属及有色金属矿产成矿有关的地质体或初始矿源层,为非金属成矿研究奠定了基础;"边缘成矿理论"得到了验证,据统计,吉林省东部山区大中型矿床90%以上都分布在大地构造单元和地质体的边缘部位;研究了基底控矿及成矿物质来源的深源性特征。

2001年陈尔臻主编了《中国主要成矿区(带)研究(吉林省部分)》,对硼矿预测进行了深入系统的研究。

(三)存在的问题

发现的大多数矿床(点)工作程度偏低,大中型矿床的勘探深度浅,小型矿床(点)多停留在地表评价阶段,对与成矿有关的控矿岩体、控矿构造大比例尺度研究甚少,造成很难正确认识资源潜力,找矿活动也仅局限于集中地区,对于具有找矿前景的新区缺乏新的认识,仅个别开展了硼矿找矿评价且多局限于浅部,大部分没有系统开展评价工作。大部分硼矿没有测年、同位素、微量元素、稳定同位素、稀土元素等数据支持,对与成矿有关的物理、化学条件研究甚少,以至于成因类型研究比较粗浅。

四、地质基础数据库现状

(一)1:50万数字地质图空间数据库

1:50万地质图空间数据库是吉林省地质调查院于1999年12月完成的,该图是在原《吉林省1:50万地质图》和《吉林省区域地质志》附图基础上补充少量1:20万和1:5万地质图资料及相关研究成果,结合现代地质学、地层学、岩石学等新理论、新方法,地层按岩石地层单位、侵入岩按时代加岩性和花岗岩类谱系单位编制,适用于小比例尺的地质底图。目前没有对该数据库进行更新维护。

(二)1:20万数字地质图空间数据库

1:20万地质图空间数据库,计有33个标准和非标准图幅,由吉林省地质调查院完成,经中国地质调查局发展研究中心整理汇总后返交吉林省地质调查院。该库图层齐全、属性完整、建库规范、单幅质量较好。总体上因填图过程中认识不同,各图幅接边问题严重。本次工作对该数据库进行了更新维护。

(三)吉林省矿产地数据库

吉林省矿产地数据库于2002年建成。该库采用DBF和ACCESS两种格式保存数据。矿产地数据库更新至2004年。本次工作对该数据库进行了更新维护。

(四)物探数据库

1. 重力

吉林省完成东部山区1:20万重力调查区26个图幅的建库工作,入库有效数据23 620个物理点。数据采用DBF格式且数据齐全。

重力数据库只更新到2005年,主要是对数据库管理软件进行更新,数据内容与原库内容保持一致。

2. 航磁

吉林省航磁数据共由21个测区组成,总物理点数据631万个,比例尺分为1:5万、1:20万、1:50万,在省内主要成矿区(带)多数有1:5万数据覆盖。

存在问题:测区间数据没有调平处理,且没有飞行高度信息,数据采集方式有早期模拟的和后期数字的,精度从几纳特到几十纳特。若要有效地使用航磁资料,必须解决不同测区间数据调平问题。本次工作采用中国自然资源航空物探遥感中心提供的航磁剖面和航磁网格数据。

(五)遥感影像数据库

吉林省遥感解译工作始于20世纪90年代初期,由于当时工作条件和计算机技术发展的限制,缺少相关应用软件和技术标准,没能对解译成果进行相应的数据库建设。在此次资源总量预测期间,应用中国自然资源航空物探遥感中心提供的遥感数据,建设了吉林省遥感数据库。

(六)区域地球化学数据库

吉林省化探数据主要以1:20万水系测量数据为主并建立数据库,共有入库元素39个,原始数据点以$4km^2$内原始采集样点的样品做一个组合样。此库建成后,吉林省没有开展同比例尺的地球化学填图工作,因此没有做数据更新工作。由于入库数据是采用组合样分析结果,因此入库数据不包含原始点位信息,这给通过划分汇水盆地确定异常和更有效地利用原始数据带来了一定困难。

(七)1:20万自然重砂数据库

自然重砂数据库的建设与1:20万地质图库建设基本保持同步。入库数据35个图幅,采样47 312点,涉及矿物473个,入库数据内容齐全,并有相应空间数据采样点位图层。数据采用ACCESS格式。

(八)工作程度数据库

吉林省地质工作程度数据库由吉林省地质调查院于2004年完成,内容全面,涉及地质、物探、化探、矿产、勘查、水文等内容。库中信息基本反映了自中华人民共和国成立后吉林省地质调查、矿产勘查工作程度。采集的资料截至2002年。本次工作行了更新维护,资料采集到2009年。

第四节　主要成果

(1)硼矿矿产资源潜力评价是一项预测性质的工作,吉林省应用1:5万区域地质调查资料属于中比例尺矿产预测阶段,工作重点是硼矿预测,以圈定Ⅲ级(矿带)、Ⅳ级(矿田)远景区为主线,配合物探、化探、遥感、重砂等综合信息对硼矿资源潜力进行找矿评价。

(2)在资料应用方面,系统地收集了省域内地质、物探、化探、遥感、自然重砂的大比例尺资料,完成了硼矿典型矿床研究,为深入开展硼矿基础地质构造研究和矿产资源潜力评价建立了坚实的基础。

(3)在成矿规律研究方面,从成矿控制因素和控矿条件分析入手,划分了吉林省硼矿床成因类型,遴选典型矿床,建立了综合找矿模型,为资源潜力评价建立各预测类型的预测准则奠定了基础。

(4)较详细地研究了省内硼矿含矿地层成矿地质体,控矿构造与物探、化探、遥感、自然重砂的关系,建立了各成矿要素的预测模型,为划分成矿远景区(带)提供了依据。

(5)以含矿建造和矿床成因系列理论为指导,以综合信息为依据,划分了省内Ⅲ—Ⅳ级成矿远景预测区,并按矿种划分了Ⅲ级成矿预测远景区(带)的类型。圈定硼成矿预测区1个,这些预测远景区(带)

为全省矿产资源潜力远景评价提供了不可缺少的找矿依据。

（6）本次采用地质体积法进行吉林省硼矿资源量预测，是矿产潜力评价主要成果。依据《全国重要矿产总量预测技术要求》（2007年版）、《重要化工矿产资源潜力评价技术要求》及《预测资源量估算技术要求》（2010年补充版），使用较先进的MRAS软件数据处理和空间分析，在1个预测工作区中，利用典型矿床建立1个矿产预测模型，圈定出1个A级找矿远景区和1个B级找矿远景区，为今后吉林省硼矿找矿工作积累了宝贵的基础资料，为圈定找矿靶区、扩大找矿远景指明了方向。

第二章 地质矿产概况

第一节 成矿地质背景

一、地　层

浑江盆地有古元古代沉积岩层、南华纪—震旦纪沉积盖层、古生代沉积盖层、中生代叠加的火山-沉积盖层。

二、火山岩

火山岩有中侏罗世果松组、晚侏罗世林子头组。

三、侵入岩

侵入岩在区域上显示多期、多阶段侵入特点，分别为古元古代辉长岩、花岗闪长岩、角闪正长岩、巨斑状花岗岩，晚三叠世石英闪长岩、花岗闪长岩、二长花岗岩，晚侏罗世中细粒闪长岩、中细粒石英闪长岩、中粒二长花岗岩，早白垩世碱长花岗岩、花岗斑岩。区内脉岩有辉长岩、流纹斑岩。高台沟硼矿区有伟晶岩分布，与成矿关系密切。

四、变质岩

区内变质岩有中太古代英云闪长质片麻岩，新太古代红透山岩组、变二长花岗岩；古元古界蚂蚁河岩组黑云变粒岩、浅粒岩、斜长角闪岩夹白云质大理岩、含硼蛇纹石化大理岩、电气石变粒岩（以含硼为特征），荒岔沟岩组、大东岔岩组；老岭岩群林家沟岩组（新农村段、板房沟段）、珍珠门岩组、花山岩组、临江岩组、大栗子岩组。

五、大型变形构造

硼矿主要与鸭绿江走滑断裂带有关。该断裂是吉林省规模较大的北东向断裂之一,由辽宁省沿鸭绿江进入吉林省集安市,经安图县两江镇至汪清县天桥岭镇进入黑龙江省,吉林省内长达510km,断裂带宽30～50km,纵贯辽吉台块和吉黑古生代陆缘增生褶皱带两大构造单元,对吉林省地质构造格局及贵金属、有色金属及非金属矿床成矿均有重要意义。断裂带总体表现为压剪性,沿断面发生逆时针滑动,相对位移为10～20km。断裂切割中生代及早期侵入岩体,并控制吉南地区地层的分布。

六、大地构造

大地构造位置位于吉林省南华纪—中三叠世华北陆块,华北东部陆块,胶辽吉裂谷,老岭隆起。构造阶段为陆内裂谷及浅海沉积阶段。

第二节 区域矿产特征

一、成矿特征

吉林省有硼矿产地36处,均在集安市。其中有中型矿床1处,小型矿床18处,余者为矿点、矿化点。探明储量居全国第四位。吉林省硼矿均产于古元古界集安岩群中。含矿岩石为变质的基性—中酸性火山岩、镁质大理岩。全省含硼岩系分布局限,但深部资源找矿潜力较大。

沉积变质型硼矿床是吉林省硼矿床的主要成因类型。这类矿床集中分布于集安地区。容矿围岩为蚂蚁河岩组蛇纹岩、菱镁蛇纹岩、镁质大理岩、电气石变粒岩等古元古界含硼岩系。该含硼岩系与伟晶岩成矿关系密切。受两期叠加褶皱构造控制,断裂构造为一系列近东西向平行的由南向北的推覆构造,同时被一系列北北东向断裂切割成大小不等的断块,硼矿保留在断块中的向斜构造中,代表矿床为集安高台沟硼矿床。

二、吉林省硼矿矿产地成矿特征

吉林省硼矿矿产地成矿特征见表2-2-1。

三、硼矿预测类型划分及其分布范围

1. 硼矿预测类型及其分布范围

矿产预测类型是指为了进行矿产预测,根据相同的矿产预测要素以及成矿地质条件,对矿产划分的类型。

表2-2-1 吉林省涉硼矿矿产地成矿特征一览表

编号	矿产地名	地理位置	矿床规模	成矿时代	矿种	勘查程度	矿床成因类型	备注
1	集安市谭家沟硼矿	集安市花甸镇东甸村	矿点	古元古代	硼矿	普查	沉积变质型	
2	集安一参场庙后沟硼矿	集安市台上镇东升村北沟	矿点	古元古代	硼矿	普查	沉积变质型	体重2.6
3	集安市四道沟硼矿	集安市清河镇矿山村	矿点	古元古代	硼矿	详查	沉积变质型	
4	集安市土岔子硼矿	集安市财源镇土岔子	矿点	古元古代	硼矿		沉积变质型	
5	集安市靳家炉沟硼矿	集安市台上镇横路村东	小型	古元古代	硼矿	详查	沉积变质型	
6	集安市东岔沟硼矿	集安市台上镇东岔村东北	矿点	古元古代	硼矿		沉积变质型	
7	集安市二驴子沟硼矿	集安市青沟子矿山村北西	矿点	古元古代	硼矿		沉积变质型	已采光
8	集安市梨树沟硼矿	集安市清河镇	矿点	古元古代	硼矿		沉积变质型	已采光
9	集安市头道阳岔硼矿	集安市热闹镇文字沟村西南	矿点	古元古代	硼矿	详查	沉积变质型	
10	集安五一四硼矿	集安市清河镇东葫芦村	小型	古元古代	硼矿	详查	沉积变质型	
11	集安市二道沟硼矿	集安市台上镇东葫芦村	中型	古元古代	硼矿		沉积变质型	
12	集安县高台沟硼矿	集安市青沟子镇	矿点	古元古代	硼矿		沉积变质型	
13	集安市小西沟硼矿	集安市青沟子东岔村	矿点	古元古代	硼矿		沉积变质型	
14	集安市小冷岭硼矿	集安市文字沟村	矿点	古元古代	硼矿		沉积变质型	
15	集安市宝堂沟—东葫芦硼矿	集安市热闹镇文字沟村	小型	古元古代	硼矿	详细普查	沉积变质型	
16	集安市文字沟岭硼矿	集安市财源镇土岔子	矿点	古元古代	硼矿	详细普查	沉积变质型	
17	集安市丘家沟硼矿	集安市青沟子东岔村	矿点	古元古代	硼矿	初步普查	沉积变质型	
18	集安市小东沟硼矿	集安市台上镇东升村	小型	古元古代	硼矿	详查	沉积变质型	
19	集安市乡镇硼矿		小型	古元古代	硼矿		沉积变质型	
20	集安市台上大利硼矿	集安市台上镇	矿点	古元古代	硼矿	详查	沉积变质型	
21	集安市广钰硼矿		矿点	古元古代	硼矿	详查	沉积变质型	
22	集安市四道河硼矿	集安市清河镇矿山村	矿点	古元古代	硼矿	详查	沉积变质型	
23	集安市獾子岔硼矿	集安市清河镇矿山村	小型	古元古代	硼矿	详查	沉积变质型	
24	集安市小阳岔—小朝阳沟硼矿	集安市台上镇	矿点	古元古代	硼矿		沉积变质型	

吉林省硼成因类型只有沉积变质型 1 种类型。吉林省硼矿均集中在集安地区,划定 1 个预测工作区。矿产预测类型仅有高台沟式硼矿 1 种类型。

2. 预测工作区圈定与典型矿床分布

吉林省硼矿矿床类型属沉积变质型,集中分布于中朝准地台东部,辽吉古元古代裂谷中部,集安盆地中。预测工作区圈定以含矿建造和矿床成因系列理论为指导,以物探、化探、遥感、自然重砂等综合信息为依据,圈定 1 个硼成矿预测工作区。

选取了吉林省高台沟硼矿为典型矿床的高台沟沉积变质型硼矿预测工作区。

高台沟预测工作区:位于吉南-辽东火山盆地区抚松-集安火山盆地群,区内分布古元古界集安岩群蚂蚁河岩组、荒岔沟岩组、大东岔岩组,其中蚂蚁河岩组为赋矿层位;褶皱构造为近东西向的复式向斜构造,断裂构造以近东向推覆构造和北东向平移断层为主;岩浆岩有顺层侵入的元古宙花岗岩和中生代中酸性脉岩等。区内有集安高台沟硼矿床。

详细信息见表 2-2-1—表 2-2-5。

表 2-2-2　吉林省硼矿矿产预测类型划分

矿产预测类型	成矿时代	矿种	典型矿床	预测方法类型	预测区 1∶5 万构造专题底图类型	预测工作区	重要建造
高台沟式沉积变质型	古元古代	硼	集安高台沟硼矿床	变质型	变质岩建造构造图	高台沟	古元古界含硼岩系+构造+矿化信息

表 2-2-3　吉林省硼矿矿产预测工作区代码表

预测矿种(组)	预测工作区	预测工作区代码	矿产预测类型	预测区编码	预测区顺序码
硼	高台沟	2221301032	高台沟式沉积变质型	GTGP	032

表 2-2-4　吉林省硼矿矿产预测工作区信息一览表

矿种	矿床成因类型	矿产预测类型	预测方法类型	预测工作区	编图区面积/m²	预测区 1∶5 万地质构造底图编图类型	重要(建造)地质要素
硼	沉积变质型	高台沟式沉积变质型	沉积变质型	高台沟	27 589.3	变质岩建造构造图	古元古界含硼岩系+构造+矿化信息

表 2-2-5　吉林省硼矿矿产预测类型代码表

预测矿种(组)	矿产预测类型	典型矿床	矿产预测类型代码	预测方法类型	四位代码	矿区顺序号
硼	高台沟式沉积变质型	集安高台沟硼矿床	2221301	变质型	GTGP	2101

第三节 区域地球物理、地球化学、遥感、自然重砂特征

一、区域地球物理特征

(一)重力

吉林省硼矿与蚂蚁河岩组关系密切,密度值为$(2.12\sim3.89)\times10^3\,\text{kg/m}^3$。硼矿位于龙岗-长白半环状低值异常区、浑江负异常低值分区内。

(二)航磁

1. 区域岩(矿)石磁性参数特征

蚂蚁河岩组变质岩大都无磁性,角闪岩、斜长角闪岩普遍显中等磁性。

片麻岩、混合岩在不同地区具不同的磁性。变质岩的磁性变化较大,有的岩石在不同地区有明显差异,见图2-3-1。

2. 吉林省硼矿区域磁场特征

硼矿区主要分布在Ⅲ$_{14}$磁异常区。Ⅲ$_{14}$为浑江负磁异常分区,为辽东元古宙裂谷区,该区中部分布有大面积负磁异常区,南西和北东两端为面状正磁异常区。正、负磁异常区上叠加的局部正、负磁异常,走向以北东向为主,北西向、东西向次之,说明区域磁异常受古老的北西向、东西向构造运动的影响痕迹依然存在,异常北东走向居多则是古生代以来华夏、新华夏构造活动所致。

区内出露地层主要为古元古界集安岩群蚂蚁河岩组、荒岔沟岩组、大东岔岩组,而硼矿区主要分布于正、负场区变换的正磁异常场内,多数为场区突变带和梯度带上,这进一步说明富镁的蚂蚁河岩组与硼矿关系密切。

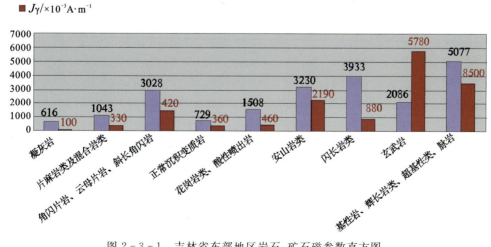

图2-3-1 吉林省东部地区岩石、矿石磁参数直方图

二、区域地球化学特征

B元素具有较强的挥发性,是酸性岩浆活动的产物,As、B的强富集反映出岩浆活动、构造活动的发育,也反映出吉林省东部山区后生地球化学改造作用的强烈,对吉林省成岩、成矿作用影响巨大。

B元素的离子电位很高($\pi>13$),是离子半径较小的强酸性元素,具有亲氧性质,与Mg紧密共生。在热水溶液里常呈气态存在,是较为重要的矿化剂元素。B的异常图显示,B异常主要分布在地台区,地质背景为古元古界一套海相碎屑岩-碳酸盐岩沉积,是B的初始富集层位。强烈的岩浆活动,给成矿系统带来大量的物源、热源,并与围岩产生强烈的区域变质作用。地球化学研究表明,B、F、Cl、S等气成元素主要来源于深部岩浆,变质热液活动可使元素迁移、富集。高台沟硼矿即形成于蚂蚁河岩组沉积变质建造中。

三、区域遥感特征

吉林省地跨两大构造单元,大致以开原—山城镇—桦甸—和龙连线为界,南部为中朝准地台,硼矿主要在此区域成矿;北部为天山-兴安地槽区。槽台之间为一规模巨大的超岩石圈断裂带(华北地台北缘断裂带),遥感图像上主要表现为近东西走向的冲沟、陡坎两种地貌单元界线,并伴有与之平行的糜棱岩带形成的密集纹理。吉林省内的大型断裂全部表现为北东走向,它们多为不同地貌单元的分界线,或对区域地形地貌有重大影响,遥感图像上多表现为北东走向的大型河流地貌单元界线和北东向排列陡坎等。吉林省的中型断裂表现在多方向上,主要有北东向、北西向、近东西向和近南北向,它们以成带分布为特点,单条断裂长度十几千米至几十千米,断裂带长度几十千米至百余千米,其遥感影像特征主要表现为冲沟、山鞍、洼地等,控制二级、三级水系。小型断裂遍布吉林省的低山丘陵区,规模小,分布规律不明显,断裂长几千米至十几千米或数十千米,遥感图像上主要表现为小型冲沟、山鞍或洼地。

吉林省的环状构造比较发育,遥感图像上多表现为环形或弧形色线、环状冲沟、环状山脊,偶尔可见环形色块,其规模从几千米到几十千米,大者可达数百千米,其分布具有较强的规律性,主要分布于北东向线性构造带上,尤其是该方向线性构造带与其他方向线性构造带交会部位,环形构造成群分布;块状影像主要为北东向相邻线性构造形成的挤压透镜体,以及北东向线性构造带与其他方向线性构造带交会形成棱形块状或眼球状块体,其分布明显受北东向线性构造带控制。

四、区域自然重砂特征

集安地区主要的矿石矿物有硼镁石、硼镁铁矿、橄榄石、蛇纹石、菱镁石、磁铁矿等。主要指示矿物硼镁铁矿没有重砂异常,与之紧密共生的矿物是磁铁矿、橄榄石。

第三章 预测评价技术思路和工作要求

第一节 工作思路和工作原则

一、指导思想

在中国地质调查局及全国项目组的统一领导下，以科学发展观为指导，以提高吉林省硼矿矿产资源对经济社会发展的保障能力为目标，以先进的成矿理论为指导，以全国矿产资源潜力评价项目总体设计书为总纲，以 GIS 技术为平台，以规范有效的资源评价方法、技术为支撑，以地质矿产调查、勘查以及科研成果等多元资料为基础，采取专家主导、产学研相结合的工作方式，全面、准确、客观地评价吉林省硼矿矿产资源潜力，提高对吉林省区域成矿规律的认识水平，为吉林省及国家编制中长期发展规划、部署矿产资源勘查工作提供科学依据及基础资料；同时通过工作完善资源评价理论与方法，并培养一批科技骨干及综合研究队伍。

二、工作原则

坚持尊重地质客观规律、实事求是的原则；坚持一切从国家整体利益和地区实际情况出发，立足当前、着眼长远、统筹全局、兼顾各方的原则；坚持全国矿产资源潜力评价"五统一"的原则；坚持由表及里、由定性到定量的原则；充分发挥各方面优势尤其是专家的积极性，坚持产学研相结合的原则；坚持既要自主创新，符合地区地质情况，又可进行地区对比和交流的原则，坚持全面覆盖、突出重点的原则。

第二节 技术路线和工作流程

充分搜集以往的地质矿产调查、勘查、物探、化探、自然重砂、遥感以及科研成果等多元资料；以成矿理论为指导，开展区域成矿地质背景、成矿规律、物探、化探、自然重砂、遥感多元信息研究，编制相应的基础图件，以 IV 级成矿区（带）为单位，深入全面总结硼矿的成矿类型，研究以成矿系列为核心内容的区域成矿规律；全面利用物探、化探、遥感所显示的地质找矿信息；运用体现地质成矿规律预测技术，全过程应用 GIS 技术，在 IV 级、V 级成矿区内圈定预测区基础上，实现全省资源潜力评价。具体工作流程见图 3-2-1。

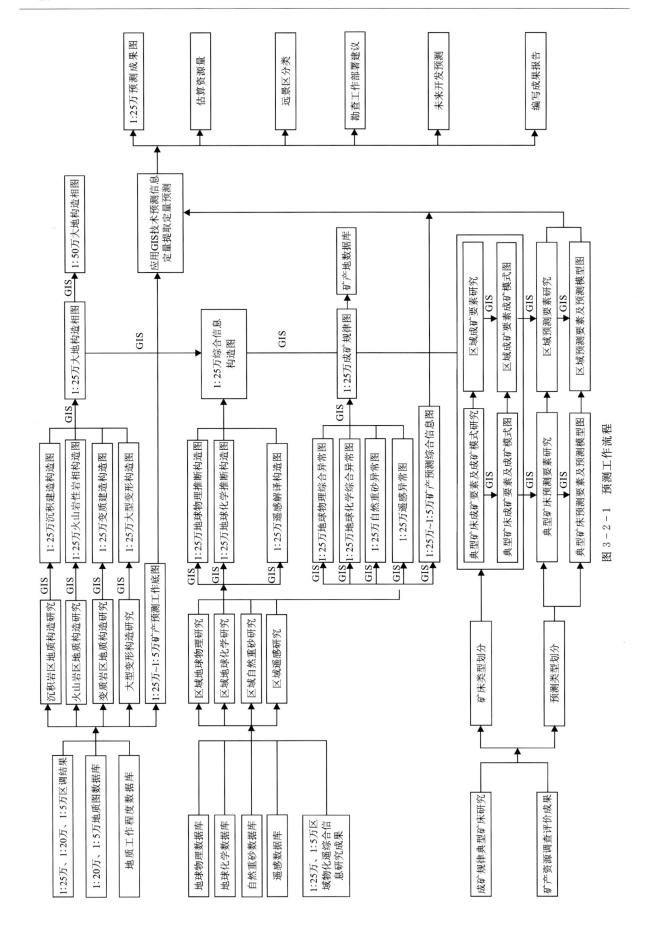

图 3-2-1 预测工作流程

第四章 成矿地质背景研究

第一节 技术流程

(1)明确任务,学习"全国矿产资源潜力评价"项目地质构造研究工作技术要求等有关文件。

(2)收集有关的地质、矿产资料,特别注意收集最新的有关资料,编绘实际材料图。

(3)编绘过程中,以1:25万综合建造构造图为底图,再以预测工作区1:5万区域地质图的地质资料加以补充,将收集到的与沉积变质型有关的硼矿资料编绘于图中。

(4)明确目标地质单元,划分图层,以明确的目标地质单元为研究重点,同时研究控矿构造、矿化、蚀变等内容。借助物探、化探、遥感推断地质构造及岩体信息,完善测区内容。

(5)图面整饰,按统一要求,制作图示、图例。

(6)编图。遵照沉积岩、变质岩、岩浆岩研究工作要求进行编图。要将与相应类型硼矿形成有关的地质矿产信息较全面地标绘在图中,形成预测底图。

(7)编写说明书。按照统一要求的格式编写。

(8)建立数据库。按照规范要求建库。

第二节 建造构造特征

一、区域建造构造特征

在龙岗隆起带南东、老岭隆起带中的太古宇和古元古界变质岩系(尤其是蚂蚁河岩组)分布区有多处硼矿产分布。集安岩群中蚂蚁河岩组、荒岔沟岩组和老岭岩群林家沟岩组、珍珠门岩组发育碎屑岩-碳酸盐岩建造,其中蚂蚁河岩组含硼岩系赋存变质型硼矿产。区内构造主要以断裂构造为主,褶皱构造次之。

二、高台沟预测工作区建造构造特征

1. 侵入岩建造

区内侵入岩在区域上显示多期、多阶段侵入特点,分别为:古元古代辉长岩、花岗闪长岩、角闪正长

岩、巨斑状花岗岩,晚三叠世石英闪长岩、花岗闪长岩、二长花岗岩,晚侏罗世中细粒闪长岩、中细粒石英闪长岩、中粒二长花岗岩,早白垩世碱长花岗岩、花岗斑岩。

区内脉岩有辉长岩、流纹斑岩,高台沟硼矿区有伟晶岩分布。

2. 沉积岩建造

区内出露地层由老至新为:青白口纪马达岭组砾岩、长石石英砂岩,白房子组长石石英砂岩夹鲕绿泥石赤铁矿-菱铁矿、含云母粉砂岩、粉砂质页岩、夹长石石英砂岩;南华纪钓鱼台组含砾石英砂岩、石英砂岩,南芬组页岩夹泥灰岩、桥头组石英砂岩、粉砂岩、页岩;震旦纪万隆组碎屑灰岩、藻屑灰岩、泥晶灰岩、八道江组、青沟子组;寒武纪水洞组、碱厂组、馒头组含铁(石膏)泥质白云岩、粉砂岩夹石膏,张夏组鲕状灰岩、生物碎屑灰岩,崮山组、炒米店组薄层灰岩夹页岩;奥陶纪冶里组竹叶状灰岩、页岩,亮甲山组含燧石结核灰岩、白云质灰岩,马家沟组;中侏罗世小东沟组砾岩、砂岩、粉砂岩夹泥灰岩劣质煤。

3. 变质岩建造

区内出露变质岩石有:中太古代英云闪长质片麻岩,新太古代红透山岩组黑云变粒岩、斜长角闪岩、磁铁石英岩、变二长花岗岩,古元古界蚂蚁河岩组(Pt_1m)黑云变粒岩、浅粒岩、斜长角闪岩夹白云质大理岩、含硼蛇纹石化大理岩、电气石变粒岩,荒岔沟岩组石墨变粒岩、含石墨透辉变粒岩、含石墨大理岩夹斜长角闪岩,大东岔岩组含矽线石(黑云)变粒岩夹石榴黑云斜长片麻岩,老岭岩群林家沟岩组、珍珠门岩组、花山岩组、临江岩组、大栗子岩组。蚂蚁河岩组碎屑岩-碳酸盐岩建造是主要含矿层。

集安岩群蚂蚁河岩组沉积期古地理环境分析:蚂蚁河岩组产生于阜平运动以后,元古宙伊始,裂谷发展早期,原岩恢复表明,物质以火山岩为主,由老到新,由偏基性玄武岩、英安质凝灰岩到流纹岩演变,构成一次火山喷发旋回。在火山作用间歇阶段,沉积两层较稳定的高镁碳酸盐岩,将内部分隔成3个低序次火山喷发沉积旋回,组成一套特殊含硼火山岩-白云蒸发岩沉积建造。

原岩物质反映蚂蚁河岩组沉积期,火山作用频繁,构造运动强烈。火山活动和构造运动引起放热效应,导致气候炎热,火山喷发堆积不均,使水下障壁较多、水流不畅、环境闭塞,水体蒸发量大于补给量,使盐度偏高。

蚂蚁河岩组至今未发现裂谷早期堆积的磨拉石建造和粗碎屑岩,表明现在残存的蚂蚁河岩组沉积时远离古陆或当时古陆很小或很低,因此以非补偿为主。

蚂蚁河岩组斜长角闪岩、黑云变粒岩、钠长浅粒岩、电气变粒岩似层状产出,指示沉积成因。碳酸盐岩是就地产生,进一步表明蚂蚁河岩组为沉积成因。

淡水不含硼,现代海水含硼4.7×10^{-6},地层中平均含量大于100×10^{-6},表明蚂蚁河岩组沉积期为海相环境。蚂蚁河岩组沉积期构造运动频繁,火山活动强烈,气候炎热、水下障壁较多、环境闭塞,水体蒸发量大,使海水浓缩,盐度偏高,强碱性,属强氧化环境薄层湖相沉积。

4. 火山岩建造

区内火山岩较发育,火山活动分别为中侏罗世果松组砾岩、玄武安山岩、安山岩、安山质火山角砾岩、岩屑晶屑凝灰岩;晚侏罗世林子头组安山质集块岩,安山岩、岩屑晶屑凝灰岩、英安质凝灰岩(引自区域地质调查报告·清河幅K-51-96-D)。

第三节 大地构造特征

高台沟预测工作区大地构造位置位于吉林省南华纪—中三叠世构造单元分区华北陆块(I_2),华北东部陆块(II_7),胶辽吉裂谷(III_7),老岭隆起(IV_{10})。区内构造主要以断裂构造为主,褶皱构造次之。区内构造具近东西向、北东向、北西向展布特征。北东向断层切割北西向断层。局部发育的糜棱岩具韧性剪切带特征,区内主要硼矿产均赋存于上述构造系统及一定范围。

硼矿还主要受集安岩群所经历的3幕变质变形构造运动影响。

第一变形幕以水平层系地层为变形面,产生一组轴向近南北、轴面向东缓倾斜的同斜顶厚褶皱和平卧褶皱,以及相伴随产生的透入性次生轴面片理和各种线理,同时发育一系列有鞘褶皱和拉伸线理的层间和层内推覆韧性剪切带。

第二变形幕受近南北向侧应力挤压,形成一组轴向近东西、轴面向南陡倾斜的同斜褶皱。

第三变形幕受北西向和南东向挤压,形成一组开阔圆顶褶皱。两翼夹角大于$120°$,轴面近于直立,轴向$40°\sim 50°$。在区域上显示不十分清楚。由于压力和温度偏低无新生矿物产生,表现为挠曲机制,在褶皱核部有劈理出现。矿床主要产于褶皱构造核部,核部含矿层变厚,矿体也变厚(引自区域地质调查报告·清河幅K-51-96-D)。

第五章 典型矿床与区域成矿规律研究

第一节 技术流程

一、典型矿床研究技术流程

(1)典型矿床的选取,选取具有一定规模、有代表性、未来资源潜力较大、在现有经济或选冶技术条件下能够被开发利用或技术改进后能够被开发利用的矿床。

(2)从成矿地质条件、矿体空间分布特征、矿石物质组分及结构构造、矿石类型、成矿期次、成矿时代、成矿物质来源、控矿因素及找矿标志、矿床的形成及就位演化机制9个方面系统地对典型矿床开展研究。

(3)从岩石类型、成矿时代、成矿环境、构造背景、矿物组合、结构构造、蚀变特征、控矿条件8个方面总结典型矿床的成矿要素,建立典型矿床的成矿模式。

(4)在典型矿床成矿要素研究的基础上叠加地球化学、地球物理、重砂、遥感及找矿标志,形成典型矿床预测要素,建立典型矿床预测模型。

(5)以典型矿床综合地质图(比例尺大于或等于1∶1万)为底图,编制典型矿床成矿要素图、预测要素图。

二、区域成矿规律研究技术流程

广泛搜集区域上与硼矿有关的矿床、矿点、矿化点的勘查、科研成果,按如下技术流程开展区域成矿规律研究。

(1)确定矿床的成因类型;
(2)研究成矿构造背景;
(3)研究控矿因素;
(4)研究成矿物质来源;
(5)研究成矿时代;
(6)研究区域所属成矿区(带)及成矿系列;
(7)编制成矿规律图件。

第二节 典型矿床研究

一、集安高台沟硼矿床特征

1. 成矿地质背景及成矿地质条件

构造背景:大地构造位置位于吉林省南华纪—中三叠世华北陆块(I_2),华北东部陆块(II_7),胶辽吉裂谷(III_7),老岭隆起(IV_{10})。

1)地层

矿区出露地层主要有古元古界集安岩群蚂蚁河岩组、荒岔沟岩组、大东岔岩组。

蚂蚁河岩组:主要岩性为磁铁浅粒岩、黑云变粒岩、蛇纹石化大理岩、橄榄大理岩、斜长角闪岩,含硼蛇纹岩、菱镁蛇纹岩、镁质大理岩、电气石变粒岩等,均呈大小不等包裹体分布在古元古代钾长花岗岩中。

荒岔沟岩组:为一套含石墨岩系,主要岩性为含石墨黑云变粒岩、含石墨透辉(透闪)变粒岩夹斜长角闪岩、含石墨大理岩等。

大东岔岩组:为一套高铝岩系,主要岩性为堇青硅线斜长片麻岩、石榴黑云变粒岩、黑云斜长片麻岩、石英岩等。

硼矿体严格受地层层位控制,蚂蚁河岩组上段、中段、下段3个含硼层位,以上段含矿层为主,后两者次之。上段含矿层层位稳定,位于荒岔沟岩组之下90~180m,电气石变粒岩(标志层)之下10~15m。

2)构造特征

高台沟硼矿床赋存在两期褶皱叠加部位,第一期褶皱轴(F_1)走向60°左右,第二期褶皱轴(F_2)走向330°左右(图5-2-1),矿体在次一级褶皱核部,含矿层厚度大,矿体厚度亦大。

断裂构造有北北东向(或北东向)、北西向及近东西向三组,均为成矿后构造,对矿体起破坏作用,特别是小断层往往成为矿体边界。

3)岩体特征

矿区内主要岩浆活动有古元古代重熔型钾长花岗岩、斜长花岗岩、伟晶岩脉及中基性—超基性岩(金伯利岩)。中基性岩脉均穿切矿体,在脉岩附近,特别是在伟晶岩脉附近形成蚀变带,并使硼短距离局部迁移富集(陈尔臻等,2001)。

2. 矿体三维空间特征

矿区共发现大小矿体13个,其中工业矿体11个。B_2O_3品位9.3%,查明资源量$232.79×10^3$t,属大型沉积变质型硼矿,勘探最大深度为垂深300m,勘查程度为详查。

(1)矿体均毫无例外地产于中上部蛇纹岩、菱镁矿蛇纹岩中。矿体多为盲矿体,成群出现,平行叠置的矿体最多层数可达3层,产于含矿层厚度膨大、蛇纹石化强烈地段,含矿层厚度与矿体厚度大致成正比。绝大多数矿体赋存在含矿层厚度大于30m的地段。一般规律是厚40~50m的含矿层,赋存有厚10~15m的矿体。

(2)矿体形态受含矿层控制,呈似层状或扁豆状产出,矿体与含矿层顶、底板大致平行,随含矿层褶皱而褶皱,其产状与含矿层、地层一致。其中以8号、9号矿体规模最大,8号矿体长1050m,宽70~300m,一般170~250m,厚5~15m,倾角5°~25°,最低见矿标高473.5m,最高为605m。延长方向

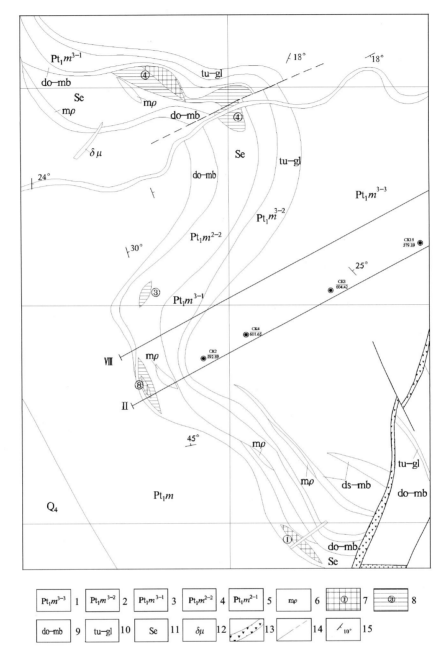

图 5-2-1 吉林高台沟硼矿矿区地质图(据叶天竺等,1984)

1.上部混合岩;2.电气石变粒岩;3.顶板混合岩;4.第一层蛇纹岩;5.中部混合岩;6.混合伟晶岩;7.表内矿体及编号;8.表外矿体及编号;9.白云石大理岩;10.电气石变粒岩;11.蛇纹岩;12.闪长玢岩;13.构造破碎带;14.实测及推测断层;15.产状

310°～330°。平均品位 47.69%。

9 号矿体分布范围大致同 8 号矿体,矿体长 1055m,宽 33～263m,厚 1～22m,一般 5～13m,如图 5-2-2、图 5-2-3 所示。其次为 1 号、7 号、10 号矿体,其他矿体很小。

7 号矿体分布于 9 号矿体下部,与 9 号矿体大致平行。矿体长 187m,宽 60m,厚 3.99m,平均品位 9.42%。总体倾向 130°～140°,倾角 20°左右。

含矿层呈似层状或连续的扁豆状,沿走向、倾向均有波状起伏,其产状与地层一致,厚度膨缩显著,无明显规律,含矿层厚度一般 20～80m,含矿层厚度在 20m 以上常见蛇纹石化,以下很少见蛇纹石化。

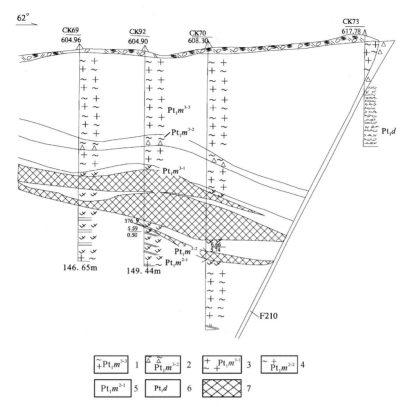

图 5-2-2　高台沟硼矿床第Ⅷ勘探线剖面图(据陈尔臻等,2001)

1.上部混合岩;2.电气石变粒岩;3.顶板混合岩;4.第一层蛇纹岩;

5.中部混合岩;6.董青矽卡斜长片麻岩;7.表内矿体及编号

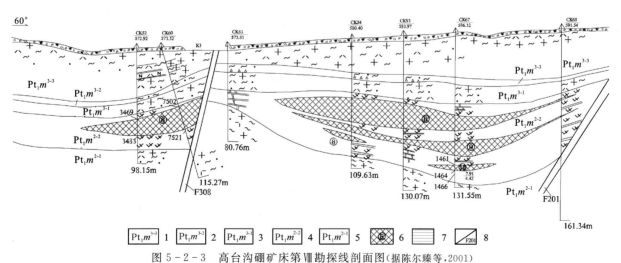

图 5-2-3　高台沟硼矿床第Ⅷ勘探线剖面图(据陈尔臻等,2001)

1.上部混合岩;2.电气石变粒岩;3.顶板混合岩;4.第一层蛇纹岩;5.中部混合岩;

6.表内矿体及编号;7.表外矿体及编号;8.断层

含矿层从顶至底有明显的不对称的"壳状"分带，即硅化白云石大理岩→滑石化菱镁大理岩→黄绿色菱镁蛇纹岩→暗绿色蛇纹岩→硼矿（最高3层）→暗绿色蛇纹岩→黄绿色菱镁蛇纹岩→滑石化菱镁大理岩（含硬石膏）→硅化白云石大理岩。这一分带在大部分矿床中发育，一般在矿体下部明显，而上部不明显，甚至缺失。分带也表明 MgO、B_2O_3 由含矿层顶、底向中心逐渐增高，而 CaO、SiO_2 则有逐渐降低趋势（图5-2-4）。

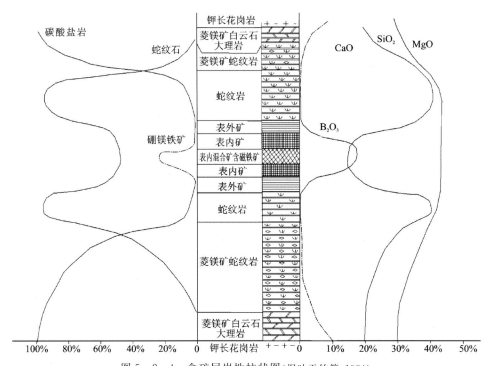

图5-2-4　含矿层岩性柱状图（据叶天竺等，1984）
（氧化物含量主要由 CK69、CK70 两孔资料综合制成）

3. 矿石矿物成分

（1）物质成分。矿床主要有用成分是硼，伴生的重要组分为铁、镁。

（2）矿石的化学成分。主成分硼，伴生铁和镁。

（3）矿石结构、构造。矿石结构常见有粒状变晶结构、包含变晶结构；热液交代结构显著，表现为粒状、纤维状、鳞片状交代残余结构及火焰状结构；硼镁铁矿石见"丁"字形分解残骸结构。矿石构造有典型的条带状、条痕状变质构造；过渡类型的团块状、斑点状构造；典型热液交代的云朵状、块状、脉状、网脉状构造。

（4）矿石类型。主要有硼镁石矿石和含磁铁矿硼镁石矿石。

（5）矿石矿物组合。不同类型矿石，矿物成分也有区别。

硼镁石矿石：矿石矿物为硼镁石；脉石矿物以蛇纹石、菱镁矿为主，白云石、方解石、橄榄石、磁铁矿次之，绿泥石少量。硼镁石有板状、纤维状、鳞片状3个变种。

含磁铁矿硼镁石矿石：矿石矿物以硼镁石为主，硼镁铁矿少量，偶见硼铝镁石；脉石矿物以蛇纹石、菱镁矿为主，磁铁矿、水镁石、水滑石次之，金云母、绿泥石、尖晶石少量。硼镁石呈纤维状、鳞片状。硼镁铁矿呈柱状残晶。

在空间上含磁铁矿硼镁矿矿石多居于矿体中部，向边缘磁铁矿减少，逐渐过渡到硼镁石矿石。

4. 围岩蚀变及蚀变分带

长英质伟晶岩脉或其他脉岩穿切矿体或矿体顶底板时，发生明显蚀变作用，主要有金云母化、电气石化、镁橄榄石化、透闪石化、蛇纹石化、滑石化，局部见透辉石化，在空间上表现为带状分布特点。

5. 成矿阶段

成矿分两个阶段，即原始沉积富集阶段、五台期岩浆变质作用阶段。

原始沉积富集阶段：硼为沉积物，主要是黏土矿物吸附的作用和蒸发浓缩硼矿物析出（介质富镁、高盐度、弱碱性）结晶作用的过程，为主要成矿阶段。

五台期岩浆变质作用阶段：分为早期变质阶段（区域变质作用）和超变质作用阶段（混合岩化交代作用），变质微弱。

6. 成矿时代

陈尔臻等（2001）提出硼矿就位期在古元古代1900Ma前后，硼矿成矿时代为古元古代。

7. 地球化学特征

（1）同位素特征：矿石中黄铁矿硫同位素组成 $\delta^{34}S$ 为 9.7‰～17.29‰，与火山岩硫同位素组成近似，与火山岩型铜矿床硫同位素组成具有一致性（图 5-2-5）。辽宁同类型矿床碳同位素 $\delta^{13}C_{PDB}$ 均在 -8.3‰～-5.6‰ 之间，其范围变化与火山岩的碳同位素一致（图 5-2-6）。

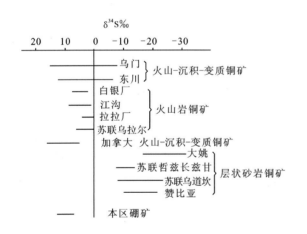

图 5-2-5　高白沟硼矿床中黄铁矿、变（浅）粒岩中黄铁矿与某些已知铜矿类型硫同位素组成特征对比图
（据陈尔臻等，2001）

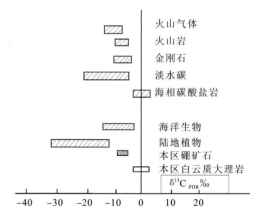

图 5-2-6　高台沟硼矿床中硼矿石及镁质大理岩的 $\delta^{13}C_{PDB}$ 与其他物质对比
（据叶天竺，1984）

8. 成矿的物理化学条件

介质富镁（MgO>25%，CaO/MgO 为 0.6～0.7）、高盐度（硼矿与菱镁矿、石膏等高盐度和超盐度沉积矿物共生）、弱碱性介质（海盆中的水溶液大体呈弱碱性，pH 为 7.2～8.4），硼矿石中共生的大量磁铁矿、少量磁黄铁矿等矿物推断介质也偏碱性、弱还原环境（原生磁铁矿介质 pH≥9，Eh 为 -0.8～-0.2）是镁硼酸盐矿物从介质中析出所必需的物理化学条件，封闭的环境和干旱的气候为蒸发条件。介质中的硅胶对硼起着吸附聚集的作用，硅胶的胶凝提高了介质中硼和镁的组分浓度，促使镁硼酸盐析出（李庆森等，1983）。

9. 成矿物质来源

物质来源主要为火山喷发的硼、陆源带入的硼和海水中的硼。海水中的硼是有限的,海盆中大量的硼组分应来自周围太古宙含硼的变质火山岩和变质火山-沉积岩以及远源火山喷发。因此,海盆周围太古宙含硼的变质杂岩发育程度及远源火山喷发程度是成矿的根本条件(李庆森等,1983)。

10. 矿床成因及成矿就位机制

1)矿床成因

(1)据张秋生等(1985)研究认为,辽吉含硼岩系是由富钠(钠长石)、富硼(电气石)、富钛(钛磁铁矿)的长英质层状岩组成,特别是电气石变粒岩,常夹有大理岩、蛇纹石大理岩和斜长角闪岩,通过它们的主要成分及痕迹成分分析,为一套有统一演化关系的张裂型火山岩序列,相当于拉斑玄武岩系列,并有少量基性火山岩。

(2)矿床有固定、稳定层位,矿体均赋存含矿层中上部,平行叠置,含矿层厚度与矿体厚度呈正比,矿体与蛇纹岩、菱镁矿蛇纹岩密切共生,局部伴有石膏。

(3)矿体与含矿层顶、底板大致平行,随含矿层褶皱而褶皱,产状与含矿层、地层基本一致。

(4)矿石矿物共生组合简单,有变质矿物存在,也有热液改造矿物组合,成矿前后物质组分相近,化学成分无明显带出带入。

(5)在伟晶岩脉或其他岩脉穿切含矿层时,产生蚀变。

(6)硼矿就位期,矿体形成后,在1900Ma前后发生区域变质作用,裂谷压缩变形以及花岗岩体就位,有小的伟晶岩岩枝侵入,使原有硼矿再次活化、迁移,局部富集。

该硼矿床属于岩浆热液(原混合岩化)改造的火山沉积变质矿床。

2)成矿就位机制

古元古代初期,太古宙克拉通裂开,水下深部提供富钠、富硼(局部富铁)火山物质,沿张裂带通过多个火山活动中心喷发带入海水盆地,以 B^+ 形式溶于水介质中,在闭塞海盆地,气候干旱,蒸发大于补给,使海水浓缩,硼以氧化物形式沉积于地层中,形成含硼岩系。

在1900Ma左右,裂谷回返并发生区域性变质变形及大量底辟花岗岩侵入就位,并有小的伟晶岩岩枝等侵入到含矿层中,使硼矿再次活化、迁移,局部富集,形成硼矿体。

二、地球物理、地球化学特征及找矿标志

1. 地球物理特征

在1:5万航磁异常等值线图上,硼矿床普遍分布在正磁异常及边部,正磁异常与蚂蚁河岩组中含磁铁矿、硼镁石有关。硼矿床所在位置磁异常等值线密集、梯度陡,并有扭曲、错动,整体走向北东,反映出硼矿床受元古宙裂谷内北东向线性断裂构造活动控制的特点。

2. 地球化学特征

矿床所在区域可圈出分带清晰、浓集中心明显的B元素异常,峰值达到 125.15×10^{-6},面积为 $155km^2$,近椭圆状,异常轴向东西。该异常与高台沟硼矿积极响应,是优良的矿致异常。有益组分 MgO、Na_2O 与B元素空间套合紧密,其组合信息是重要的找矿依据。Fe_2O_3 在硼矿所在区域异常反应很弱,表明高台沟硼矿相对贫铁;As、Sb、Hg异常主要围绕B元素呈环状分布,表明处于相对酸性的地球化学环境。

3. 找矿标志

(1) 古元古界集安岩群蚂蚁河岩组分布区,蛇纹石化大理岩、暗绿色蛇纹岩分布区。蚂蚁河岩组有3个含矿层,其中上层含矿性最好。

(2) 矿床主要分布于褶皱构造核部,核部含矿层变厚,矿体也变厚。

(3) 被后期断裂构造切割断块,向斜分布区,矿体保留好,有可能发现新矿体。

(4) 标志层荒岔沟岩组以下130m左右,电气石变粒岩之下几十米见含硼层。

(5) 混合伟晶岩脉富集区。

(6) 蛇纹石化、金云母化、透闪石化、透辉石化、电气石化、镁橄榄石化等蚀变标志。

三、典型矿床成矿要素特征与成矿模式

1. 典型矿床成矿要素

收集资料编绘矿区综合建造构造图,突出表达与成矿作用时空关系密切的建造构造、地层和矿床(矿点和矿化点)等地质体三维分布规律。主要反映矿床成矿地质作用、矿区构造、成矿特征等内容,特别是矿床典型剖面图能够直观地反映矿体空间分布特征和成矿信息。典型矿床成矿要素详见表5-2-1。

表5-2-1 高台沟硼矿典型矿床成矿要素表

成矿要素特征描述		内容描述	类别
		沉积变质型	
地质环境	岩石类型	蛇纹岩、菱镁蛇纹岩、镁质大理岩、电气石变粒岩、钾长花岗岩、斜长花岗岩、伟晶岩脉	必要
	成矿时代	古元古代,1900Ma(陈尔臻等,2001)	必要
	成矿环境	辽吉古元古代裂谷内集安岩群蚂蚁河岩组含硼岩系受两期叠加褶皱构造控制。晚期褶皱一般表现为宽缓向斜及较紧密背斜,硼矿床保留在晚期宽缓向斜构造中。成矿带位于集安-长白AuPbZnFeAgBP成矿带(IV$_{17}$)、正岔-复兴AuBPbZnAg找矿远景区(V$_{56}$)	必要
	构造背景	大地构造位置位于华北陆块(I$_2$),华北东部陆块(II$_7$),胶辽吉裂谷(III$_7$),老岭隆起(IV$_{10}$)。褶皱构造控矿,北北东向或北东向、北西向及近东西向3组断裂构造均为成矿后构造,对矿体起破坏作用,特别是小断层往往成为矿体边界	重要
矿床特征	矿物组合	硼镁石矿石:矿石矿物为硼镁石;脉石矿物以蛇纹石、菱镁矿为主,白云石、方解石、橄榄石、磁铁矿次之,绿泥石少量。硼镁石有板状、纤维状、鳞片状3个变种。	重要
		含磁铁矿硼镁石矿石:矿石矿物以硼镁石为主,硼镁铁矿少量,偶见硼铝镁石;脉石矿物以蛇纹石、菱镁矿为主,磁铁矿、水镁石、水滑石次之,金云母、绿泥石、尖晶石少量	
	结构构造	矿石结构常见有粒状变晶结构、包含变晶结构;热液交代结构显著,表现为粒状、纤维状、鳞片状交代残余结构及火焰状结构,硼镁铁矿石见"丁"字形分解残骸结构。矿石构造有典型的条带状、条痕状变质构造,过渡类型的团块状、斑点状构造,典型热液交代的云朵状、块状、脉状、网脉状构造	次要
	蚀变特征	长英质伟晶岩脉或其他脉岩穿切矿体或矿体顶、底板时,发生明显蚀变作用,主要有金云母化、电气石化、镁橄榄石化、透闪石化、蛇纹石化、滑石化,局部见透辉石化,在空间上表现带状分布特点	重要
	控矿条件	①矿体受蚂蚁河岩组地层控制; ②褶皱构造控矿,北东向宽缓褶皱控制,北北东向或北东向、北西向及近东西向3组断裂构造均为成矿后构造,对矿体起破坏作用,特别是小断层往往成为矿体边界; ③古元古代花岗岩类控矿	必要

2. 典型矿床成矿模式

古元古代初期克拉通裂开,火山喷发活动将深部富钠、富硼(局部富铁)火山物质带入海水盆地,以 B^+ 形式溶于海水中。在闭塞海盆地,气候干旱,蒸发大于补给,使海水浓缩,硼以氧化物形式沉积于地层中,形成含硼岩系。在1900Ma左右(吕梁运动)裂谷回返并发生区域性变质变形及大量底辟花岗岩侵入就位,并有小的伟晶岩岩枝等侵入到含矿层中,使硼矿再次活化、迁移,局部富集,见图5-2-7。

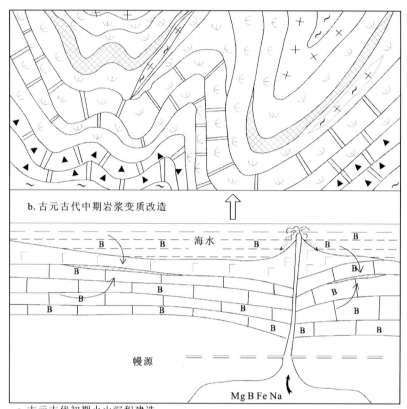

图 5-2-7 高台沟硼矿典型矿床成矿模式

1.含硼灰岩;2.基性喷出岩;3.蛇纹石化大理石;4.电气石化大理岩;5.混合岩;
6.伟晶岩脉;7.硼矿体;8.含硼岩浆热液运移方向/火山岩浆含硼矿物质运移方向;
9.海水、天水及地层中含硼矿物质运移方向

第三节　预测工作区成矿规律研究

一、预测工作区地质构造专题底图确定

1. 高台沟预测工作区的范围和编图比例尺

总面积约 2 758.925 723km²。编图比例尺 1∶5万。

2. 高台沟预测工作区地质构造专题底图特征

通过资料的收集和整理确定了区内含矿目的层,预测区内的古生代变质火山岩为主要含矿目的层,其为研究重点,其次为古生代变质砂岩、板岩、千枚岩、大理岩等。研究内容包括火山岩岩石建造、变质岩岩石建造;主要研究与成矿有关的构造即成矿构造、控矿构造等,以及矿化特点、蚀变类型等。将与沉积变质型硼矿形成有关的地质、矿产信息较全面地标绘在图中,最终形成高台沟预测工作区变质建造构造图。

二、预测工作区成矿要素特征与区域成矿模式

1. 高台沟预测工作区成矿要素

用1:5万高台沟变质建造构造图作为底图,突出表达与高台沟硼矿所在矿田的成矿作用时空关系密切的古元古代含硼岩系岩性和矿床(矿点和矿化点)等地质体三维分布规律和褶皱构造特征,还突出表达了矿化蚀变信息及围岩蚀变内容。图面能够直观地反映矿床空间分布特征和成矿信息。预测工作区成矿要素见表5-3-1。

表5-3-1 吉林省高台沟预测工作区成矿要素

成矿要素	内容描述	类别
特征描述	沉积变质型	必要
岩石类型	蛇纹岩、菱镁蛇纹岩、镁质大理岩、电气石变粒岩、钾长花岗岩、斜长花岗岩、伟晶岩脉	必要
成矿时代	古元古代,1900Ma(陈尔臻,2001)	必要
成矿环境	位于吉南-辽东火山盆地区,抚松-集安火山盆地群,区内地层为古元古界集安岩群蚂蚁河岩组、荒岔沟岩组、大东岔岩组,蚂蚁河岩组为赋矿层位;褶皱构造为近东西向的复式向斜构造,断裂构造以近东西向推覆构造和北东向平移断层为主;岩浆岩有顺层侵入的元古宙花岗岩和中生代中酸性脉岩等	必要
构造背景	大地构造位置位于吉林省南华纪—中三叠世构造分区单元,华北陆块(I_2),华北东部陆块(II_7),胶辽吉裂谷(III_7),老岭隆起(IV_{10})	重要
控矿条件	①矿体受蚂蚁河岩组地层控制; ②褶皱构造控矿,北北东向或北东向、北西向及近东西向3组断裂构造均为成矿后构造,对矿体起破坏作用,特别是小断层往往成为矿体边界; ③古元古代花岗岩类控矿	必要

2. 高台沟预测工作区成矿模式

高台沟预测工作区成矿模式见图 5-3-1。

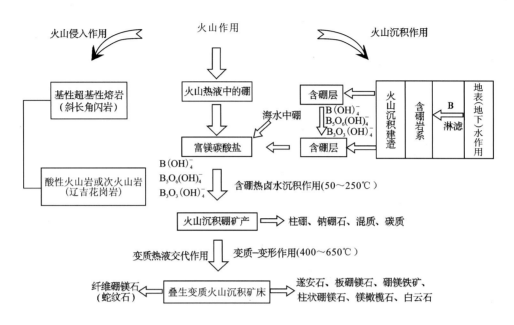

图 5-3-1 高台沟预测工作区成矿模式图

第六章 物化遥、自然重砂应用

第一节 物 探

一、重力

1. 技术流程

根据预测工作区预测底图确定的范围,充分收集区域内的1∶20万重力资料,以及以往的相关资料,在此基础上开展预测工作区1∶5万重力相关图件编制,之后开展相关的数据解释,以满足预测工作对重力资料的需求。

2. 资料应用

应用2008—2009年1∶100万、1∶20万重力资料及综合研究成果,充分收集应用预测工作区的密度参数、磁参数、电参数等物性资料。研究预测工作区和典型矿床所在区域时,全部使用1∶20万重力资料。

3. 数据处理

预测工作区编图全部使用全国项目组下发的吉林省1∶20万重力数据。重力数据已经按《区域重力调查技术规范》(DZ/T 0082—2006)进行"五统一"改算。

布格重力异常数据处理采用中国地质调查局发展中心提供的RGIS2008重磁电数据处理软件,绘制图件采用MapGIS软件,按"全国矿产资源潜力评价"项目的《重力资料应用技术要求》执行。

剩余重力异常数据处理采用中国地质调查局发展中心提供的RGIS重磁电数据处理软件,求取滑动平均窗口为14km×14km剩余重力异常,绘制图件采用MapGIS软件。

等值线绘制等项与布格重力异常图相同。

4. 高台沟预测工作区地质推断解释

在布格重力异常图上,高台沟等10余处硼矿床集中产于江甸子-财源重力高异常与热闹-阳岔重力低异常向南所夹持区域,也是重力高异常向东部重力低异常的过渡部位,布格重力异常最大值为$-36×10^{-5}$m/s^2。该部位也是本区蚂蚁河岩组分布规模最大、最集中区域。

在剩余重力异常图上,硼矿位于重力高异常背景中异常突变部位。重力高异常带在南部呈北西西向展布,与大面积分布的蚂蚁河岩组、大东岔岩组及规模较小的荒岔沟岩组分布有关;在中部为近东西向展布，与大面积分布的荒岔沟岩组、大东岔岩组及规模较小的蚂蚁河岩组分布有关；在北部呈近东西向断续分布，与新太古代变质岩及古太古代基性—超基性岩体分布有关。

古元古界蚂蚁河岩组地层、重力高异常、磁力高异常三者结合是寻找硼矿的有利部位，特别是附近有多期次、规模较大的岩浆活动及断裂构造活动的区域，更有利于矿产的运移、富集。

二、磁测

1. 技术流程

根据预测工作区预测底图确定的范围，充分收集区域内的1∶20万航磁资料，以及以往的相关资料，在此基础上开展预测工作区1∶5万航磁相关图件编制，之后开展相关的数据解释，以满足预测工作对航磁资料的需求。

2. 资料应用

应用收集了19份1∶10万、1∶5万、1∶2.5万航空磁测成果报告，及1∶50万航磁图解释说明书等成果资料。根据中国自然资源航空物探遥感中心提供的吉林省2km×2km航磁网格数据和1957年至1994年间航空磁测1∶100万、1∶20万、1∶10万、1∶5万、1∶2.5万共计20个测区的航磁剖面数据，充分收集应用预测工作区的密度参数、磁参数、电参数等物性资料。研究预测工作区和典型矿床所在区域时，主要使用1∶5万资料，部分使用1∶10万、1∶20万航磁资料。

3. 数据处理

预测工作区编图全部使用全国项目组下发的数据，按航磁技术规范，采用RGIS和Surfer软件网格化功能完成数据处理。采用最小曲率法，网格化间距一般为测线距的$1/4\sim1/2$，网格间距分别为150m×150m、250m×250m。然后应用RGIS软件位场数据转换处理，编制1∶5万航磁剖面平面图、航磁ΔT异常等值线平面图、航磁ΔT化极等值线平面图、航磁ΔT化极垂向一阶导数等值线平面图，航磁ΔT化极水平一阶导数（$0°$、$45°$、$90°$、$135°$方向），航磁ΔT化极上延不同高度处理图件。

4. 高台沟预测区磁异常分析

预测工作区出露古元古界集安岩群蚂蚁河岩组、荒岔沟岩组、大东岔岩组，南华系南芬组、桥头组，震旦系万隆组。其中，变质岩具有较弱磁性，一般引起负磁异常或强度不高的正磁异常；蚂蚁河岩组中磁铁浅粒岩、黑云变粒岩或含硼镁铁矿可引起较强磁异常。

东南部高台沟一带的大面积正磁异常呈北东东走向的楔形，其东部异常宽，强度高，最大值达440nT，出现在四道阳岔附近，向西强度逐渐变低，宽度变窄，西部末端异常突然变强。高台沟硼矿床所在地区的18处硼矿床大部分分布在宽缓异常突变部位。古元古界集安岩群蚂蚁河岩组中含硼镁铁矿、磁铁浅粒岩、黑云变粒岩可引起较强磁异常及中等强度剩余重力高异常是寻找硼矿的有利因素。本区根据蚂蚁河岩组磁力高、重力高圈定的隐伏、半隐伏、出露的地层是寻找硼矿的有利部位。

第二节 化 探

一、技术流程

由于该区域仅有1:20万化探资料,所以用该数据进行数据处理,编制地区化学异常图,将图件比例尺再放大到1:5万。

二、资料应用情况

本次工作主要应用1:5万和1:20万化探资料。

三、高台沟预测工作区化探异常特征

应用1:20万化探数据在矿床所在区域可圈出具有清晰三级分带和明显浓集中心的B异常。强度为125.15×10^{-6},面积为$155.22km^2$。异常呈带状分布,东西向延伸,与高台沟硼矿床积极响应,是优质的矿致异常(图6-3-1)。与B元素空间套合紧密的氧化物有MgO、Na_2O。

第三节 遥 感

一、技术流程

利用MapGIS将该幅*.Geotiff格式图像转换为*.msi格式图像,再通过投影变换,将其转换为1:5万比例尺的*.msi格式图像。

利用1:5万比例尺的*.msi格式图像作为基础图层,添加该区的地理信息及辅助信息,生成高台沟地区沉积变质型硼矿1:5万遥感影像图。

利用Erdas imagine遥感图像处理软件将处理后的吉林省东部ETM遥感影像镶嵌图输出为*.Geotiff格式图像,再通过MapGIS软件将其转换为*.msi格式图像。

在MapGIS支持下,调入吉林省东部*.msi格式图像,在1:25万精度的遥感特征解译基础上,对吉林省各矿产预测类型分布区进行空间精度为1:5万的矿产地质特征与近矿找矿标志解译。

利用B1、B4、B5、B7四个波段对应的准归一化校正数据或无损失拉伸数据进行主成分分析,第四主成分存储于14通道中,对其分三级进行异常切割,一般情况一级异常$K_σ$取3.0,二级异常$K_σ$取2.5,三级异常$K_σ$取2.0,个别情况$K_σ$值略有变动,经过分级处理的3个级别的羟基异常分别存储于16、17、18通道中。

利用B1、B3、B4、B5四个波段对应的准归一化校正数据或无损失拉伸数据进行主成分分析,第四主

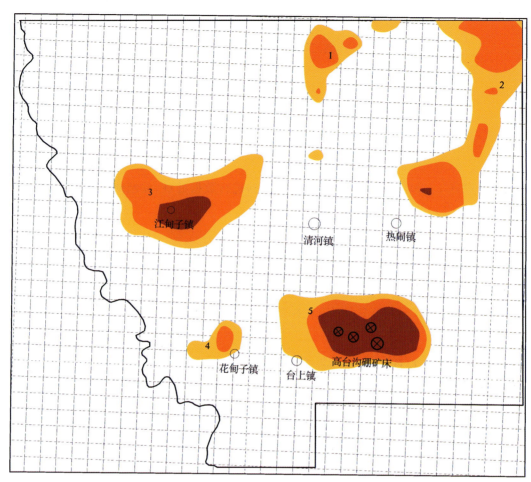

图 6-3-1　高台沟预测工作区硼矿床 B 元素异常分布示意图

成分存储于 15 通道中,对其分三级进行异常切割,一般情况一级异常 K_o 取 2.5,二级异常 K_o 取 2.0,三级异常 K_o 取 1.5,个别情况 K_o 值略有变动,经过分级处理的 3 个级别的铁染异常分别存储于 19、20、21 通道中。

二、资料应用情况

本次工作利用全国项目组提供的 2002 年 09 月 17 日接收的 117/31 景 ETM 数据经计算机录入、融合、校正形成的遥感图像,利用全国项目组提供的吉林省 1∶25 万地理底图提取制图所需的地理部分,并参考吉林省区域地质调查所编制的吉林省 1∶25 万地质图和《吉林省区域地质志》(吉林省地质矿产局,1989)。

三、高台沟预测区硼矿的遥感特征

1. 遥感解译特征

本预测工作区内解译出 2 条大型断裂(带),分别为四平-德惠岩石圈断裂、依兰-伊通断裂带。

四平-德惠岩石圈断裂:呈北东向,为松辽平原与大黑山条垒分界线,即松辽盆地东缘断裂,沿此断裂古近纪早期玄武质岩浆喷发活动强烈,形成如范家屯平顶山、尖山和大屯富峰山、小南山等火山锥。

依兰-伊通断裂带:呈北东向,由近于平行的两组断裂组成,西侧断裂位于伊通-乌拉街槽地西缘与大黑山条垒交界,东侧断裂为伊通-乌拉街槽地东缘,两条断裂间的狭长槽地中堆积巨厚的新生代陆相碎屑岩。断裂带两侧的老地层和侵入岩向新生代槽地仰冲,槽地下降而接受新生代沉积物。

预测区内的小型断裂比较发育,预测区内的小型断裂以北东向、北北东向和北西向为主,北北东向、北北西向、东西向和南北向次之,局部见北东东向、北西西向和北西向小型断裂,其中北西向断裂多表现为张性特点,其他方向断裂多表现为压性特征。区内的硼矿床多分布于不同方向小型断裂的交会部位。

本预测工作区内的环形构造比较发育,共圈出132个环形构造。它们主要集中于不同方向断裂交会部位,其中褶皱引起的环形构造3个。

2. 预测工作区遥感异常分布特征

预测工作区共提取遥感铁染异常面积 10 893 280m^2,其中一级异常 2 497 222m^2,二级异常 1 283 966m^2,三级异常 7 112 091m^2。铁染异常分布较分散,主要集中在预测区西北部,被多条小型断裂围成,并分布有环形构造。

第四节 自然重砂

一、技术流程

按照自然重砂基本工作流程,在矿物选取和重砂数据准备完善的前提下,根据《重砂资料应用技术要求》,应用吉林省1:20万重砂数据制作吉林省自然重砂工作程度图、自然重砂采样点位图,以选定的20种自然重砂矿物为对象,相应制作重砂矿物分级图、有无图、等量线图、八卦图,并在这些基础图件的基础上,结合汇水盆地圈定自然重砂异常图和自然重砂组合异常图,并进行异常信息的处理。

预测工作区重砂异常图的制作仍然以吉林省1:20万重砂数据为基础数据源,以预测工作区为单位制作图框,截取1:20万重砂数据制作单矿物含量分级图,在单矿物含量分级图的基础上,依据单矿物的异常下限绘制预测工作区重砂异常图。

预测工作区矿物组合异常图是在预测工作区单矿物异常图的基础上,以预测工作区内存在的典型矿床或矿点所涉及到的重砂矿物选择矿物组合,将工作区单矿物异常空间套合较好的部分,以人工方法进行圈定,制作预测工作区矿物组合异常图。

二、资料应用情况

预测工作区自然重砂基础数据主要源于全国1:20万的自然重砂数据库。本次工作对吉林省1:20万自然重砂数据库的重砂矿物数据进行了核实、检查、修正、补充和完善,重点针对参与重砂异常计算的字段值,包括重砂总质量、缩分后质量、磁性部分质量、电磁性部分质量、重部分质量、轻部分质量、矿物鉴定结果进行核实检查,并根据实际资料进行修整和补充完善。数据评定结果质量优良,数据可靠。

三、高台沟预测工作区自然重砂异常及特征分析

预测工作区主要指示矿物硼镁铁矿没有重砂异常,与之紧密共生的矿物是磁铁矿、橄榄石。

磁铁矿圈出 1 处异常,矿物含量分级较高,面积为 $0.87km^2$,与高台沟硼矿积极响应,是硼富集成矿的产物,对硼矿具有重要的间接指示作用。

橄榄石为高温热液矿物,与硼镁铁矿紧密共生。在区内圈出 2 处异常,矿物含量分级较低,面积分别为 $2.85km^2$、$3.54km^2$。其中,2 号异常分布在硼矿相邻水域,地质背景与高台沟硼矿接近,对预测硼镁铁矿有一定帮助。

第七章 矿产预测

第一节 矿产预测方法类型及预测模型区选择

一、吉林省硼矿矿产预测类型及预测方法类型

1. 预测类型的选择

由于吉林省硼矿成矿特别集中的特点,并且成矿均赋存于集安岩群蚂蚁河岩组含硼岩系中,吉林省硼矿的主要成矿类型只有高台沟式沉积变质型一种,对应的预测方法类型为变质型。

2. 模型区的选择

预测工作区内选择高台沟硼矿典型矿床所在的最小预测区作为模型区,参考集安岩群蚂蚁河岩组含矿建造和矿化信息进行模型区研究,见表7-1-1。

表7-1-1 吉林省硼矿预测类型工作区分布

序号	预测工作区名称	预测类型	预测方法类型	模型区名称	模型区重要建造	预测资源量方法
1	高台沟	高台沟式沉积变质型	变质型	高台沟模型区	古元古界含硼岩系+构造+矿化信息	地质体积

3. 编图重点

(1)收集整理矿区区域地质资料、矿区地质构造图、矿床地质综合平面/剖面图,以及矿区大比例尺物探、化探资料。

(2)在矿床成矿地质、成矿构造、矿产、成矿作用特征研究成果基础上,以矿区地质构造图为底图,改编为岩性构造图,结合区域地质资料,综合矿床地质综合平面/剖面图内容,编制矿床成矿要素(图)及成矿模式(图)。

(3)在矿床成矿要素图基础上增加矿区大比例尺物化探异常资料、其他找矿标志,编制物化探找矿模式图、矿床预测要素图。

(4)在典型矿床预测要素图基础上依据典型矿床所在位置区域地质资料,区域物探、化探、遥感、自然重砂异常特征分析资料,典型矿床外围或矿田范围内矿产资料,建立模型区预测模型,编制模型区预测要素图。要求全部表达:地质构造,成矿(矿田)构造,矿产特征,成矿作用特征,物探、化探、遥感推断地质构造特征,物探、化探、遥感、自然重砂异常,以及其他找矿标志等预测要素内容。

矿区和模型区的关系,即矿区范围为矿床形成的自然边界,是典型矿床研究工作的核心区,但是可

能有局限,因此把预测工作区中典型矿床所在位置的区域范围(或矿田)称为预测模型区,其范围应能全面反映与该矿床成矿有关的地质特征、成矿构造特征、矿产(组合)特征、成矿作用特征,典型矿床所在位置的区域地质构造特征,区域物探、化探、遥感、自然重砂异常,以及其他找矿标志特征。

利用1:5万高台沟变质岩建造构造图作为底图,重点突出与时空定位有关的古元古界含硼岩系、构造、中小型矿产地等控矿要素,以及矿床(矿点和矿化点)、矿化蚀变信息、含矿体及矿区大比例尺化探异常资料、其他找矿标志。其次为航磁、重力信息、重砂信息表示,主图外附加模型区化探剖面图,能够直观地反映该预测类矿床空间分布特征和预测信息。

第二节 矿产预测模型与预测要素图编制

一、典型矿床预测要素与预测模型

吉林省高台沟硼矿典型矿床预测要素见表7-2-1。

表7-2-1 高台沟硼矿床预测要素

预测要素		内容描述	类别
地质条件	岩石类型	蛇纹岩、菱镁蛇纹岩、镁质大理岩、电气石变粒岩、钾长花岗岩、斜长花岗岩、伟晶岩脉	必要
	成矿时代	古元古代,1900Ma(陈尔臻等,2001)	必要
	成矿环境	辽吉古元古代裂谷内集安岩群蚂蚁河岩组含硼岩系受两期叠加褶皱构造控制。晚期褶皱一般表现为宽缓向斜及较紧密背斜,硼矿床保留在晚期宽缓向斜构造中;成矿带位于集安-长白AuPbZnFeAgBP成矿带(IV_{17})、正岔-复兴AuBPbZnAg找矿远景区(V_{56})	必要
	构造背景	大地构造位置位于华北陆块(I_2),华北东部陆块(II_7),胶辽吉裂谷(III_7),老岭隆起(IV_{10})	重要
矿床特征	控矿条件	①矿体受蚂蚁河岩组地层控制; ②褶皱构造控矿,北北东向或北东向、北西向及近东西向3组断裂构造均为成矿后构造,对矿体起破坏作用,特别是小断层往往成为矿体边界; ③古元古代花岗岩类控矿	必要
	蚀变特征	长英质伟晶岩脉或其他脉岩穿切矿体或矿体顶、底板时,发生明显蚀变作用,主要有金云母化、电气石化、镁橄榄石化、透闪石化、蛇纹石化、滑石化,局部见透辉石化,在空间上表现带状分布特点	重要
	矿化特征	矿区矿化面积大,矿体分布广且比较零散。矿体均产于含矿层内,赋存于中上部蛇纹岩、菱镁矿蛇纹岩中。矿体多为盲矿体,成群出现,平行叠置的矿体最多层数可达3层,产于含矿层厚度膨大、蛇纹石化强烈地段,含矿层厚度与矿体厚度大致成正比。绝大多数矿体赋存在含矿层厚度大于30m地段。一般规律是40~50m厚的含矿层,赋存有10~15m厚的矿体。 矿体形态受含矿层控制,呈似层状或扁豆状产出,矿体与含矿层顶、底板大致平行,随含矿层褶皱而褶皱,其产状与含矿层、地层一致。 在空间上含磁铁矿硼镁矿多居于矿体中部,向边缘磁铁矿减少,逐渐过渡到硼镁石矿石	重要

续表 7-2-1

预测要素		内容描述	类别
综合信息	地球化学	矿床所在区域可圈出分带清晰、浓集中心明显的 B 元素异常，峰值达到 125.15×10^{-6}，面积为 $155km^2$，近椭圆状，异常轴向东西。该异常与高台沟硼矿积极响应，是优良的矿致异常。有益组分 MgO、Na_2O 与 B 元素空间套合紧密，其组合信息是重要的找矿依据。Fe_2O_3 在硼矿所在区域异常反应很弱，表明高台沟硼矿相对贫铁；As、Sb、Hg 异常主要围绕 B 元素异常呈环状分布，表明处于相对酸性的地球化学环境	重要
	地球物理	在 1:5 万航磁异常等值线图上，硼矿床普遍分布在正磁异常及边部上，正磁异常与蚂蚁河岩组中含磁铁矿硼镁石有关。硼矿床所在位置磁异常等值线密集、梯度陡，并有扭曲、错动，整体走向北东，反映出硼矿床受元古宙裂谷内北东向线性断裂构造活动控制的特点	重要
	重砂	主要指示矿物硼镁铁矿没有重砂异常，与之紧密共生的磁铁矿、橄榄石有较好的重砂异常，面积分别为 $0.87km^2$、$3.54km^2$（橄榄石 2 号异常），矿物含量分级较高，与高台沟硼矿积极响应，是硼富集成矿的产物，对硼矿具有重要的间接指示作用	次要
	遥感	头道-长白断裂带穿过矿区，矿区北西有北东东走向的大川-江源断裂带，东南分布大路-仙人桥断裂带，矿区处在不同方向小型断裂密集交会部位。与隐伏岩体有关的环形构造呈串珠状分布。矿区有侵入岩体内、外接触带及残留顶盖分布。遥感羟基、铁染异常较密集分布	次要
找矿标志		①古元古界集安岩群蚂蚁河岩组分布区，蛇纹石化大理岩、暗绿色蛇纹岩分布区。蚂蚁河组有 3 个含矿层，其中上层含矿性最好； ②矿床主要分布于褶皱构造核部，核部含矿层变厚，矿体也变厚； ③被后期断裂构造切割断块，向斜分布区矿体保留好，有可能发现新矿体； ④标志层荒岔沟岩组以下 130m 左右，电气石变粒岩之下几十米见含硼层； ⑤混合伟晶岩脉富集区； ⑥蛇纹石化、金云母化、透闪石化、透辉石化、电气石化、镁橄榄石化等蚀变标志	重要

二、模型区深部及外围资源潜力预测分析

（一）典型矿床已查明资源储量及其估算参数

高台沟预测工作区：该预测工作区内的典型矿床为高台沟硼矿。

(1) 查明资源储量：高台沟典型矿床所在区，以往工程控制实际查明的并且已经在储量登记表中上表的全部资源储量。

(2) 面积：高台沟典型矿床所在区域含矿地质体面积 $57\,129m^2$。含矿层位的平均倾角 $40°$。

(3) 延深：高台沟硼矿床勘探控制矿体的最大延深为 200m。

(4) 体重：体重 2.77。

(5) 体积含矿率：体积含矿率=查明资源储量/（面积 $\times\sin\alpha\times$ 延深），其中 α 为含矿层位的平均倾角，计算得出高台沟硼矿床体积含矿率为 0.000 031 345（表 7-2-2）。

表 7-2-2 高台沟预测工作区典型矿床查明资源储量表

编号	名称	面积/m²	垂深/m	体重	倾角/(°)	体积含矿率
A2221301001001	高台沟硼矿床	57 129	130	2.77	40	0.000 031 345

(二)典型矿床深部及外围预测资源量及其估算参数

高台沟硼矿床深部资源量预测:矿体沿倾向最大延深 200m,矿体倾角 40°,实际垂深 130m,根据该含矿层位在区域上的产状、走向、延伸等均比较稳定,推断该套含矿层位在 400m 深度仍然存在,所以本次对该矿床的深部预测垂深选择 400m。矿床深部预测实际深度为 270m。面积采用原典型矿床面积预测其深部资源量。

(三)模型区预测资源量及估算参数确定

1. 模型区面积参数确定

(1)模型区:高台沟硼矿典型矿床所在的 GTA1 最小预测区。
(2)模型区预测资源量:高台沟硼矿床探明资源量和典型矿床深部及外围预测资源量的总资源量,即查明资源量+深部及外围预测资源量。
(3)面积:GTA1 模型区的面积是高台沟硼矿典型矿床蚂蚁河岩组含硼岩系含矿建造的出露面积叠加化探异常,加以人工修正后的最小预测区面积。
(4)延深:模型区内典型矿床的总延深,即最大预测深度。区域上该套含矿层位在 400m 深度时延深仍然比较稳定,所以模型区的预测深度选择 400m,沿用高台沟硼矿典型矿床的最大预测深度。
(5)含矿地质体面积参数:含矿地质体面积参数=含矿地质体面积/模型区面积,当含矿地质体面积与模型区面积相同时,其值为 1;当含矿地质体面积小于模型区面积时,其值小于 1。高台沟硼矿典型矿床所在的最小预测区面积大于出露为含矿建造的面积,经计算得出含矿地质体面积参数为 0.001 294 81。

2. 模型区含矿系数确定

含矿地质体含矿系数确定公式为:
模型区含矿系数=模型区预测资源总量/(模型区总体积×含矿地质体面积参数)。

实际工作中用典型矿床含矿地质体面积与模型区含矿地质体面积相比得出含矿地质体面积参数来修正典型矿床的含矿地质体含矿率,从而得出体积含矿系数,见表 7-2-3。

表 7-2-3 模型区含矿地质体含矿系数表

模型区编号	名称	模型区含矿系数	含矿地质体面积参数	预测深度/m
A2221301001	高台沟硼矿 A 类最小预测区	0.000 031 345	0.001 294 81	270

三、预测要素图编制及解释

(1)编制区域成矿要素图,首先按照矿产预测方法类型确定预测底图。预测工作区预测方法类型为变质型。与火山作用有关的矿产,以变质岩建造构造图为预测底图,预测地段复原到沉积建造构造图上。

(2)在编制地质构造基础类预测底图过程中充分应用重磁、遥感、化探推断解释资料。编制同比例尺重磁、遥感、化探、推断解译地质构造图,对于隐伏侵入体,如火山机构、隐伏或隐蔽构造、盆地基底构造进行定量反演,大致确定隐伏侵入体的埋深、成矿侵入体的三维形态变化,为预测提供依据。

(3)预测要素图编制。按照矿产预测类型,以预测底图为基础,在底图上突出标明与成矿有关的地质内容,图面标明全部矿床、矿点、矿化线索、采矿遗迹、蚀变等有关内容。综合分析成矿地质作用、成矿构造、成矿特征等内容,确定区域成矿要素及其区域变化特征。叠加重磁、遥感、化探推断解释资料。在研究区范围内,可以根据区域成矿要素的空间变化规律进行分区。根据预测工作区地质及物探、化探、遥感、重砂信息的成矿规律研究,编制预测工作区预测要素表。

根据预测工作区预测要素建立预测模型,吉林省高台沟预测工作区高台沟式变质型硼矿预测要素见表7-2-4,高台沟区域地质矿产及地球化学综合预测模型见图7-2-1。

表7-2-4 吉林省高台沟预测工作区高台沟式变质型硼矿预测要素

预测要素	内容描述	类别
岩石类型	蛇纹岩、菱镁蛇纹岩、镁质大理岩、电气石变粒岩、钾长花岗岩、斜长花岗岩、伟晶岩脉	必要
成矿时代	古元古代,1900Ma(陈尔臻,2001)	必要
成矿环境	位于集安-长白 AuPbZnFeAgBP 成矿带($Ⅳ_{17}$)、正岔-复兴 AuBPbZnAg 找矿远景区(V_{56})	必要
构造背景	大地构造位置位于华北陆块($Ⅰ_2$),华北东部陆块($Ⅱ_7$),胶辽吉裂谷($Ⅲ_7$),老岭隆起($Ⅳ_{10}$)	重要
控矿条件	①矿体受蚂蚁河岩组控制; ②褶皱构造控矿,北北东向或北东向、北西向及近东西向3组断裂构造均为成矿后构造,对矿体起破坏作用,特别是小断层往往成为矿体边界; ③古元古代花岗岩类控矿	必要
蚀变特征	长英质伟晶岩脉或其他脉岩穿切矿体或矿体顶、底板时,发生明显蚀变作用,主要有金云母化、电气石化、镁橄榄石化、透闪石化、蛇纹石化、滑石化,局部见透辉石化,在空间上表现带状分布特点	重要
矿化特征	集安地区矿化面积大,密集分布中小型矿床20多处,其中中型硼矿有集安高台沟硼矿、集安小西岔硼矿2个,小型有集安梨树沟硼矿、文字沟岭硼矿20余处。矿体均产于含矿层内,赋存于中上部蛇纹岩、菱镁矿蛇纹岩中。矿体多为盲矿体,成群出现,平行叠置的矿体最多层数可达3层,产于含矿层厚度膨大的蛇纹石化强烈地段,含矿层厚度与矿体厚度大致成正比。绝大多数矿体赋存在含矿层厚度大于30m地段。一般规律是40~50m厚的含矿层,赋存有10~15m厚的矿体。 矿体形态受含矿层控制,呈似层状或扁豆状产出,矿体与含矿层顶、底板大致平行,随含矿层褶皱而褶皱,其产状与含矿层、地层一致。 在空间上含磁铁矿硼镁矿多居于矿体中部,向边缘磁铁矿减少,逐渐过渡到硼镁石矿石	重要
地球化学	应用1:20万化探数据可圈出具有清晰的三级分带和明显的浓集中心的 B 元素异常,异常强度为$139×10^{-6}$,面积较大,呈不规则面状分布,具有北东向延伸的趋势	重要
地球物理	较强磁异常及中等强度剩余重力高异常	重要
重砂	区内主要指示矿物硼镁铁矿没有重砂异常反应,与之紧密共生的磁铁矿、橄榄石重砂异常反应较好,与高台沟硼矿有响应趋势	次要
遥感	头道-长白断裂带穿过矿区,矿区北西有北东东走向的大川-江源断裂带,东南分布大路-仙人桥断裂带,矿区处在不同方向小型断裂密集交会部位;与隐伏岩体有关的环形构造呈串珠状分布;矿区有侵入岩体内外接触带及残留顶盖分布;遥感羟基、铁染异常较密集分布	次要

续表 7-2-4

预测要素	内容描述	类别
找矿标志	①古元古界集安岩群蚂蚁河岩组分布区,蛇纹石化大理岩、暗绿色蛇纹岩分布区,蚂蚁河岩组有3个含矿层,其中上层含矿性最好; ②矿床主要分布褶皱构造核部,核部含矿层变厚,矿体也变厚; ③被后期断裂构造切割断块,向斜分布区矿体保留好,有可能发现新矿体; ④标志层荒岔沟组以下130m左右,电气石变粒岩之下几十米见含硼层; ⑤混合伟晶岩脉富集区; ⑥蛇纹石化、金云母化、透闪石化、透辉石化、电气石化、镁橄榄石化等蚀变分布区	重要

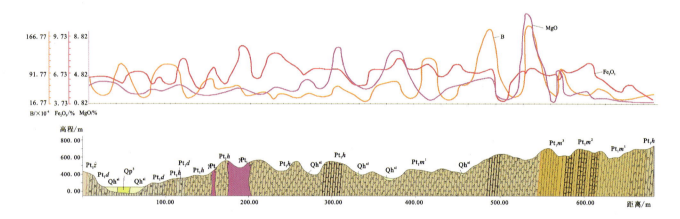

图 7-2-1 高台沟区域地质矿产及地球化学综合预测模型

第三节 预测区圈定

一、预测区圈定方法及原则

预测区的圈定采用综合信息地质法,圈定原则如下:
(1)与预测工作区内的模型区类比,具有相同的含矿建造。
(2)在与模型区类比有相同的含矿建造的基础上,只有明显的B元素化探异常。
(3)同时参考重磁、重砂、遥感的异常区和相关的地质解释与推断。
(4)含矿建造与化探异常的交集区圈定为初步预测区。
(5)最后专家对初步确定的最小预测区进行确认。

二、圈定预测区操作细则

在突出表达蚂蚁河岩组含矿建造、矿化蚀变标志的1:5万成矿要素图基础上,叠加1:5万化探、航磁、重力、遥感、重砂异常及推断解释图层,以含矿建造和化探异常为主要预测要素和定位变量,叠加典型矿床,参考物探的重力、航磁异常和遥感的羟基、铁染异常及近矿地质特征解译、重砂异常等信息,修改初步最小预测区,最后由地质专家确认修改,形成最小预测区。

第四节 预测要素变量的构置与选择

一、预测要素及要素组合的数字化、定量化

预测工作区预测要素构置使用全国项目组提供的预测软件 MRAS 进行构置和计算。主要依据含矿建造的出露与否来组合预测要素。

综合信息网格单元法进行预测时,首先对预测工作区地质及综合信息的复杂程度进行评价,从而来确定网格单元的大小,MRAS 能提供网格单元大小的建议值,一般情况下都比较大,需要人工进行修正,比如进行取整等干预。根据吉林省硼矿成矿特征,矿化多数在 2km 左右,因此,人工选择时使用小一点的网格单元,以增加预测的精度,网格单元选择 20×20 网格,相当于 1km×1km 的单元网格。

对预测工作区的地质,也就是含矿建造进行提取,对矿产地和矿(化)体进行提取,对提取的矿产地和矿(化)体进行缓冲区分析,形成面图层,为空间叠加准备图层。

将物探、化探、遥感、自然重砂各专题提供的异常要素进行叠加。对物探、化探、遥感、自然重砂各专题提供的线要素类图层进行缓冲区分析。

对上述的图层内要素信息进行量化处理,进行有无的量化处理,形成原始的要素变量距阵。

二、变量的初步优选研究

根据含矿建造的空间分布情况,对其他预测要素进行相关性分析,初步进行变量的优选,选择相关性好的要素参与预测。可能含矿的建造是最重要的也是必要的要素。化探异常的元素选取,一般选择 3~5 个与主成矿元素相关性好的元素参与计算。物探一般选择重力和航磁的异常要素,特别是重力梯度带,用零等值线进行缓冲区分析,分析出的缓冲区参与计算,重力和航磁数据由于多数是 1∶20 万精度的数据,对预测意义不大。自然重砂选择 3~5 个与主成矿元素有关的矿物的异常图,这些矿种的异常要素参与计算。

初步选择的要素叠加后进行初步计算,这样很多要素参与计算往往得不到理想的效果,因此,还要进行变量的优选。再进行变量相关性研究,去掉一些相关性相对较差的要素。实践证明,参与计算的要素不能太多,一般 5~7 个要素参与计算效果相对较好。

对量化后要素的网格单元进行有无的赋值,用一定的阈值对每个网格单元进行分类,分出 A、B、C 三类,一般情况下网格单元值大于 3 的网格单元应该是 A 类网格单元,大于 2 的网格单元一般为 B 类,分析结果如图 7-4-1。

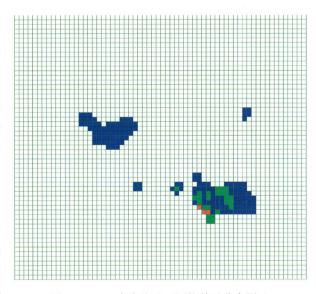

图 7-4-1 高台沟地区网格单元分布图

第五节 预测区优选

一、预测区优选类别确定

模型区提供的预测变量有古元古界含硼岩系＋构造＋矿化信息＋化探异常4个变量,其他单元用到的预测变量有不同程度增加。统计单元与模型单元的变量数基本一样,但有的内容不同,如果只是简单地运用特征分析法和神经网络法,采用公式进行计算求得成矿有力度,根据有力度对单元进行优选,势必脱离实际。因为统计单元成矿概率是同样的,都是1,无法真实反映成矿有力度。本次预测区的优选充分考虑典型矿床预测要素少的实际情况及成矿规律,采取优选方法的标准如下。

A类预测区:同时含有典型矿床、含矿建造及化探异常的预测单元;

B类预测区:同时含有矿(化)点、含矿建造及化探异常的预测单元;

在网格单元图基础上,由地质工作经验丰富的专家,特别是在这些预测工作区工作过的专家,进行网格单元的优选,包括判断网格单元是否合理,网格单元级别是否合理,最终得出网格单元优选图,结果见图7-5-1。

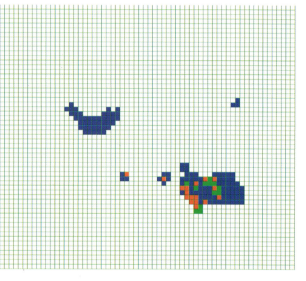

图 7-5-1 高台沟地区网格单元优化图

二、预测区评述

高台沟预测区存在高台沟硼矿床模型,含矿建造蚂蚁河岩组分布较广泛,其中含矿构造和中、小型矿产地存在,B元素化探异常与含矿建造吻合程度较高。本次共圈定最小预测区A类1个,B类1个。区域上硼矿的赋矿层位为古元古界含硼岩系,其硼矿成因为沉积变质型。成矿特征和圈出最小预测区地质特点,与集安高台沟硼矿床模型相同,都为蚂蚁河岩组含硼岩系含矿建造,与模型区具有相同的成矿构造、矿化信息、化探异常等,资源潜力较大,具有找大型硼矿的条件,见表7-5-1。

表 7-5-1 高台沟硼矿最小预测区信息

序号	最小预测区编号	测区缩写	预测区	最小预测区名称
1	A2221301001	GTA1	高台沟	高台沟硼矿A类最小预测区
2	A2221301002	GTB1	高台沟	土窑子-丘家沟硼矿B类最小预测区

第六节 资源量定量估算

一、最小预测区预测资源量及估算参数

估算方法：地质体积法。
应用含矿地质体预测资源量公式：

$$Z_体 = S_体 \times H_预 \times K \times \alpha$$

式中：$Z_体$——模型区中含矿地质体预测资源量；
$S_体$——含矿地质体面积；
$H_预$——含矿地质体延深（指矿化范围的最大延深），即最大预测深度；
K——模型区含矿地质体含矿系数；
α——相似系数（最小预测区与模型区之间的相似系数）。

模型区是指典型矿床所在的最小预测区，其含矿地质体含矿系数确定公式为：含矿地质体含矿系数＝模型区预测资源总量/模型区含矿地质体总体积。模型区建立在1∶5万的预测工作区内。

二、估算参数及结果

最小预测区参数确定如下。

(1) 最小预测区面积参数确定：高台沟沉积变质型矿床面积参数确定，变质建造与化探异常叠加，面积参数经人工修正，即模型区面积参数×可信度，见表7-6-1。

(2) 最小预测区预测深度参数确定：延伸依据典型矿床的实际钻探资料，含矿地质体的厚度，矿体的最大延深并结合预测区控矿构造、矿化蚀变、地球化学分带、物探信息，在此基础上推测含矿建造可能的延深，见表7-6-2。

(3) 最小预测区含矿系数参数确定：最小预测区含矿系数确定，依据模型区含矿系数，考虑到现有工作程度，模型区之外的最小预测区工作程度低于模型区，因此，在现有工作程度情况下，这些最小预测区找矿条件和远景显然比模型区差，这仅仅是在现有工作程度下的判断。根据全国项目组技术要求对模型区之外的最小预测区按照预测区内具体的预测要素与模型区的预测要素对比，依据各个预测要素的可信度，综合评价各个最小预测区的含矿系数。评价结果见最小预测区含矿系数表（表7-6-3）。

(4) 最小预测区相似系数确定：相似系数是对比模型区和预测区全部预测要素的总体相似程度、各定量参数的各项相似系数来确定，见表7-6-4。

(5) 最小预测区参数可信度确定：①面积可信度。模型区参数可信度为1。有含矿地质建造、矿床或矿点分布、化探异常较好，定为0.5。②延深可信度。模型区的延深是根据已知的典型矿床最大钻探深度，同时结合已知控制矿体的可能延伸确定，确定的延深可信度为1。预测工作区内最小预测区的延深是根据相同成因类型典型矿床的勘探深度确定的，确定的延深可信为0.75。③含矿系数可信度。模型区含矿系数可信度为1。最小预测区深部外围资源量了解比较清楚，与模型区处于相似的构造环境下、含矿建造相同、具有相同的化探异常浓集中心、有已知矿床(点)的最小预测区，含矿系数可信度为0.5。

表 7-6-1　最小预测区面积参数确定信息

预测区	序号	最小预测区编号	确定方法	预测区面积参数	模型区面积参数	可信度
高台沟	1	A2221301001	高台沟模型区蚂蚁河岩组含硼岩系含矿建造+已知矿床+化探异常	0.001 294 81	0.001 294 81	1
	2	A2221301002	与高台沟模型区对比+相同含矿建造+已知矿床+化探异常	0.000 647 405	0.001 294 81	0.5

表 7-6-2　最小预测区深度参数确定信息

预测区	序号	最小预测区编号	预测总深/m	确定方法	勘探延深/m	勘探垂深/m	可信度
高台沟	1	A2221301001	400	高台沟模型区最大勘探深度+含矿建造推断	200	130	1
	2	A2221301002	400	与高台沟模型区对比	—	—	0.75

表 7-6-3　最小预测区含矿系数确定信息

预测区	序号	最小预测区编号	确定方法	模型区含矿系数	预测区含矿系数	可信度
高台沟	1	A2221301001	模型区预测资源总量/含矿地质体总体积	0.000 031 345	0.000 000 041	1
	2	A2221301002	与模型区类比具有相同的构造环境+含矿建造+化探异常	0.000 031 345	0.000 000 020	0.5

表 7-6-4　最小预测区相似系数确定信息

预测区	序号	最小预测区编号	确定方法	相似系数	可信度
高台沟	1	A2221301001	模型区	1	1
	2	A2221301002	与模型区具有相同的构造环境+含矿建造+化探异常+已知矿床	0.5	0.5

第七节　预测区地质评价

一、预测区级别划分

A 类预测区选择：最小预测区含矿建造与模型区相同，有已知硼矿典型矿床+化探异常+矿化信息。

B 类预测区选择：最小预测区含矿建造与模型区相同，有已知矿点或矿化点+化探异常+矿化信息。

二、评价结果综述

通过对吉林省硼矿矿产预测工作区的综合分析,依据最小预测划分条件共划分 2 个最小预测区,其中 A 级最小预测区为 1 个,为成矿条件好区,具有很好的找矿前景;B 级为 1 个,为成矿条件较好区,具有较好的找矿前景。从吉林省几十年硼矿的找矿经验和吉林省硼矿成矿地质条件来看,在目前的经济技术条件下,吉林省硼矿找矿潜力巨大。

第八章　吉林省硼矿成矿规律总结

第一节　硼矿成矿规律

一、硼矿床成因类型

张秋生(1985)认为硼矿成因为变质重就位,成矿过程大体划分为两个阶段,即初始就位、变质重就位。含矿岩系是由于太古宙克拉通裂开,水下来自幔源的火山喷发物质沉积形成,以电气石方式聚集了大量硼。与此同时,深成花岗岩沿着火山活动中心侵入,在这一过程中,来自深部的更加富硼的碱质溶液进入,受穹状构造控制的各种镁质大理岩中,发生交代作用并聚集成硼矿体,这就是硼矿床的初始就位。硼矿床初始就位后,经区域变质作用、区域挤压作用、形变作用及花岗质岩浆的底辟重就位等作用,原已形成的硼矿体又再次活化,发生各式各样的转变,这就是硼矿体的变质重就位过程。

吉林省硼矿按照成矿物质来源与成矿地质条件,成因类型仅划分沉积变质型矿床。总体来看,都具有早期沉积形成的初始矿源层或矿源岩,矿区分布于集安岩群蚂蚁河岩组中,受两期叠加褶皱构造控制,经后期区域性变质变形作用,大量花岗质岩浆底辟侵入就位,使B元素再次活化、迁移,局部富集,形成沉积变质型矿床。

二、控矿地质因素

1. 古构造环境有利于硼矿形成

集安地区硼矿属沉积变质成因。B元素主要来自地壳深部随火山喷气带入海盆地,以B^+形式溶于水介质中。在闭塞的海盆中,由于气候干旱炎热,蒸发量大于补给量,海水蒸发浓缩,在火山喷发间歇阶段,B元素呈氧化物形式沉积于地层中,形成初始矿源层,在变质作用过程中B元素发生活化,向褶皱构造的低能部位、构造虚脱部位迁移富集成矿。由B丰度测量结果表明,镁质碳酸盐岩中B丰度高,斜长角闪岩中B丰度次之。

经原岩恢复研究,含硼岩系的原岩为一套中酸性火山岩、火山碎屑岩、偏碱性拉斑玄武岩、白云岩,斜长角闪岩原岩为基性火山岩(拉斑玄武岩),为地壳深部产物。镁质大理岩化学活动性强,易与B元素结合,所以B丰度高,见表8-1-1。

表 8-1-1　集安地区含矿地层岩石硼丰度值

地层		岩石名称	B/%	浓集系数
集安岩群	大东岔岩组	片麻岩类	0.003	10
		长石石英岩	0.003	10
	荒岔沟岩组	石墨变粒岩	0.004	13
		石墨大理岩	0.020	67
		斜长角闪岩	0.010	33
	蚂蚁河岩组	蛇纹岩	0.310	1033
		镁质大理岩	0.050	167
		斜长角闪岩	0.014	47
		均质混合岩	0.003	10
		混合伟晶岩	0.003	10

2. 地层控矿

1）成矿时代及含矿层位

高台沟硼矿床在大地构造上位于太子河-浑江坳陷，桓仁凸起的东部，区内古元古界集安岩群广泛出露，成东西向分布，自下而上分为三个组：蚂蚁河岩组、荒岔沟岩组、大东岔岩组（表 8-1-2）。矿区位置见图 8-1-1。

表 8-1-2　集安地区中鞍山群地层表

上覆地层			侏罗系小岭组
集安地区中鞍山群	大东岔岩组	矽线片麻岩段（>530m）	堇青矽线斜长片麻岩夹石英岩
		矽线片麻岩-变粒岩段（405m）	堇青矽线斜长片麻岩及石墨黑云变粒岩中—厚层石英岩及电气石石英岩
	荒岔沟岩组	荒岔沟段（88m）	石墨黑云变粒岩夹石墨大理岩及斜长角闪岩（标志层）
	蚂蚁河岩组	哈塘沟段（741m）	黑云变粒岩、浅粒岩，其间夹含硼蛇纹岩、橄榄大理岩、斜长角闪岩及电气石变粒岩等
		久财源段（633m）	黑云变粒岩及浅粒岩，夹含硼橄榄大理岩、斜长角闪岩、透辉变粒岩及电气石变粒岩
	光华岩群	类复理石段（326m）	黑云变粒岩、浅粒岩组成类复理石段
		上透辉变粒岩段（154m）	石墨透辉变粒岩及石墨黑云变粒岩
	同心岩组	斜长角闪岩-大理岩段（90m）	斜长角闪岩夹石墨大理岩
		下透辉变粒岩段（1061m）	石墨黑云长变粒岩及石墨透辉变粒岩
		矽线片麻岩段（880m）	黑云斜长片麻岩、石榴斜长片麻岩及矽线斜长片麻岩
	双庙岩组	厚层大理岩段（160m）	含石墨大理岩（标志层）
		石墨变粒岩-透辉变粒岩段（564m）	石墨变粒岩夹石墨透辉变粒岩
		含榴变粒岩段（>422m）	含榴黑云变粒岩及石墨黑云变粒岩
下伏地层			不详

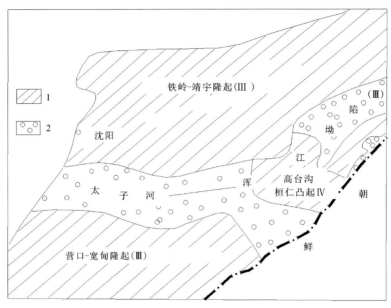

图 8-1-1 矿床在辽东台隆上的构造位置示意图
1.隆起区;2.坳陷区

吉林省硼矿主要产出在元古宙集安岩群蚂蚁河岩组中的久财源段（第一含硼层）和哈塘沟段（第二、第三含硼层），该组为封闭海湾-火山沉积环境，硼矿与含镁质碳酸盐岩建造、火山岩建造有关，矿体受蛇纹石化大理岩控制。蚂蚁河岩组分久财源段、哈塘沟段两段，其中久财源段含 1 层硼，哈塘沟段含 2 层硼（有时 3 层）。

久财源段：厚 633m，主要分布在久财源—横路—石头河子一带，岩性为混合岩化的浅粒岩、黑云变粒岩夹电气变粒岩、斜长角闪岩和数层蛇纹石化金云透辉橄榄大理岩及下部有一层含硼蛇纹石化大理岩（第一含硼层），属于此含矿层的硼矿产地有 5 处，为集安东岔、集安靳家炉沟、集安土窑子、集安丘家沟及集安横路岭石线厂。

哈塘沟段：厚 741m，是区域最重要的含硼层，主要分布在花甸子—大蚊子沟一带。它的岩性为混合岩化斜长角闪岩、黑云变粒岩、角闪变粒岩，夹浅粒岩及蛇纹石化橄榄大理岩或含硼蛇纹石化大理岩。中、上部有 2 层含硼蛇纹石化大理岩（即第二、第三含硼层），含硼层由西向东层数变多，厚度增大，如高台沟硼矿在该段中就有 3 个含矿层，但下部一层往往只是矿化，第三层为主含矿层，工业矿体往往产在此层中。属于哈塘沟段含矿层的硼，产地 36 处，如集安高台沟、集安二驴子沟、集安文字沟岭、集安二道阳岔、集安东岔等硼矿床均产在此段，见表 8-1-3。

2）蕴矿层及围岩

硼矿区均产于含硼变粒岩建造，而且无一例外产于其中所夹富镁碳酸盐岩-富镁硅酸盐岩岩层之中，这种直接控矿岩层单独为蕴矿层。蕴矿层产于含硼变粒岩建造中部变粒岩组合之中。其上、下岩层由于沉积相变而各有不同，其中主要为黑云变粒岩和透辉石（角闪石）变粒岩，局部为黑云母片岩、绿泥石英片岩。主要岩石类型为白云石大理岩、蛇纹岩（包括蛇纹石化镁橄榄岩）类、透闪岩类、透辉岩类、角闪岩类、金云母岩类、水镁石岩类、滑石岩类共八大类，此外还有石膏、硼矿、磁铁矿等。硼矿主要近矿围岩有菱镁矿蛇纹岩、滑石菱镁矿大理岩、白云石大理岩、硅化白云石大理岩，大致分为白云岩型和菱镁岩型两类。

蛇纹岩的化学成分以富镁、富硅为特点，依沉积变质的观点，其原岩为硅质类，故名为富镁硅质岩。推测含 CaO、Al_2O_3 较多的蛇纹岩对于成矿是有害的，因为蛇纹岩 CaO 含量高说明介质中 CaO 含量高，而钙组分不利于镁硼酸岩的沉淀，蕴矿层中蛇纹岩化学成分见表 8-1-4。

表 8-1-3 硼矿与集安群蚂蚁河岩组哈塘沟段地层关系

含矿层位			含矿层数量及规模	矿体数量及规模	$B_2O_3/\%$	矿产地	备注
群	组	段					
集安岩群	蚂蚁河岩组	哈塘沟段	1个含矿层,长150m,宽3~50m	5个矿体,长14~30m,厚0.3~2.6m	9.98	集安假假石房	小型
				见硼矿转石及原生晕异常	目估10	集安小西北岔	矿化点
				有矿化转石	目估10	集安碾子沟	
				1个矿体,长80m,厚5.32m	5.20	集安小朝阳沟	小型
						集安大西岔三道阳岔	矿点
			第2个含矿层,长250m,宽5~15m;第3个含矿层,长700m,宽40~85m	第二含矿层1个矿体,第三含矿层11个矿体,长8~295m,厚1~31.2m	8.0~12.35	集安三道阳岔	小型
			2个含矿层	1个矿体,长68m,厚6.87m	12	集安小西沟	小型
			3个含矿层,第三含矿层为主矿层	第三含矿层有13个矿体,工业矿体11个,长25~1050m,厚0.74~22m	10.4~12.28	集安高台沟	中型
			2个含矿层,长200m,厚20~30m	6个矿体,工业矿体4个,长18.5~63m,厚1.17~5.32m	5.77	集安黄仙沟	小型
			2个含矿层,第二层厚30m,第三层为主矿层,厚4.7~38m	13个矿体,长25~79m,厚10.74~11.0m	10.71~12.34	集安小东沟	小型
			1个含矿层	1个矿体,长69m,厚6.36m	1.55~9.13	集安小朝阳沟	小型
			1个含矿层	4个矿体,长37~51m,厚0.57~8.29m	7.42	集安西葫芦	小型
			2个含矿层,长70m,厚16m	1个矿体,长20m,厚8.7m	7.93	集安高台沟里	小型
			1个含矿层,长250m,厚12.12m	2个矿体,工业矿体1个,长27m,厚2.10m	5.79	集安核桃沟	小型
			1个含矿层,长700m	4个矿体,长30~85m,厚0.57~2.54m	13.77	集安高丽沟	矿点
			1个含矿层		>10	集安狼洞沟	矿点
						集安四道沟	

续表 8-1-3

群	组	段	层号	含矿层数量及规模	矿体数量及规模	B_2O_3/%	矿产地	备注
集安岩群	蚂蚁河岩组	哈塘沟段	第二层				集安四道沟	矿点
							集安小窑沟	矿点
							集安东葫芦	矿点
							集安小阳岔	矿点
						12	集安台上宝堂沟	矿点
			第一层		3个矿体,长12~52m,厚2.9~6.3m	10.8	集安头道阳岔	小型
			第一层		4个含矿层,长30~73m,厚2.35~9.7m	10.63~11.60	集安邱家沟	小型
			第一层	1个含矿层	5个矿体,盲矿体1个,长24~33m,厚1.53~18.7m	7.18	集安土窑子	小型
			第一层	1个含矿层,长500m,厚10~100m	12个含矿层,长107.5~235m,厚0.7~11.67m	11.66~15.00	集安靳家沪沟	小型
			第三层	2个含矿岩体,即毛楞沟,清沟岭	16个矿体,工业矿体11个,长28~242m,厚25~98m	1~8	集安东岔	小型
			第三层	1个含矿层,长1000m	2个岩体各有3个矿体,长26~46m,厚3~4.5m	目估2~3	集安甲乙川	小型
			第三层	1个含矿层,长700m,厚30~50m	仅见硼矿转石	6.12	集安东葫芦沟里	矿点
			第二层	1个含矿层	1个含矿层,长68m,厚2.21m	13~13.6	集安小梨树沟	小型
					5个含矿层,长9~53m,厚4.24~10.86m		集安矿山村(梨树沟)	小型
						0.06	集安大西岔头道阳岔	小型
			第三层	1个含矿层,长130m	1个含矿层,长115m,厚2.79m	14.55	集安朱家沟	矿化点
			第三层	1个含矿层,长300m,厚20~40m	3个含矿层,长24.5~62.5m,厚1.5~2.79m	5.21~77	集安高丽三道阳岔	小型
				1个含矿层,长400m,厚30~40m	1个含矿层,长115m,厚8.15m	12.53	集安小岔岭	小型
				1个含矿层	1个含矿层,长95m,厚3~35m	7.5~12.78	集安文字沟岭	小型

表 8-1-4　蛇纹岩主要化学成分对比表

序号	采样位置	岩石名称	分析结果							备注
			SiO_2/%	Al_2O_3/%	Fe_2O_3/%	MgO/%	CaO/%	CaO/MgO	MgO/(CaO+MgO)	
1	集安地区	蛇纹岩	40.10	0.48	2.92	39.44	1.64	0.04	0.96	15个样平均

由表 8-1-5 可知，大理岩富镁性与成矿直接有关，产于大理岩中的硼矿总是赋存于碳酸岩（白云菱镁岩、菱镁岩）层中。

表 8-1-5　碳酸盐岩 CaO、MgO 含量及 CaO/MgO、MgO/(MgO+CaO) 比值对比表

含矿性	分析结果		CaO/MgO	MgO/(MgO+CaO)	取样地区	备注
	CaO/%	MgO/%				
碳酸盐岩	7.19	36.02	0.2	0.83	集安地区	3个样平均

金云母岩石化学成分与蛇纹岩相比以富硅、富铝、富钾、贫钙及富镁为特点，金云母、石膏多产于此层，化学成分组成见表 8-1-6。

表 8-1-6　金云母岩化学成分表

序号	采样位置	岩石名称	氧化物含量/%										
			SiO_2	Al_2O_3	TiO_2	Fe_2O_3	FeO	MnO	MgO	CaO	K_2O	Na_2O	P_2O_5
1	集安二道阳岔	金云母岩	38.21	9.34	1.27	0.74	1.08	0.19	29.62	2.14	6.57	0.50	0.03
2	集安二道阳岔	金云母岩	41.27	5.44	0.31	2.40	0.65	0.11	35.04	0.08	0	0.07	0.045
3	集安二道阳岔	金云母岩	41.39	6.26	0.21	1.16	0.54	0.06	33.63	1.42	0.70	0.08	0.30
平均			40.29	7.01	0.60	1.43	0.76	0.12	32.76	1.21	2.42	0.22	0.13

透辉石岩石化学成分以相对富硅、富铝、贫镁为特点（表 8-1-7）。吉林花甸子金云母产于此类岩石中。

表 8-1-7　透辉石岩化学成分表

序号	采样位置	岩石名称	氧化物含量/%										
			SiO_2	Al_2O_3	TiO_2	Fe_2O_3	FeO	MnO	MgO	CaO	K_2O	Na_2O	P_2O_5
1	集安二道阳岔	透辉石岩	42.05	6.76	0.15	1.24	0.75	0.17	32.76	3.11	0.08	0.08	0.51
2	集安靳家炉沟	绿泥透辉石岩	40.37	11.49	0.20	1.56	0.86	0.06	30.52	0.12	4.73	0.27	0.13
平均			41.21	9.13	0.18	1.4	0.81	0.12	31.64	1.62	2.41	0.18	0.32

斜长角闪岩岩石化学成分以相对富硅、富铝、富铁、贫镁、富钙为特点(表8-1-8)。

滑石类岩石化学成分与蛇纹岩相比以富硅、富铝、富镁为特点(表8-1-9)。

表8-1-8 斜长角闪岩化学成分表

序号	采样位置	岩石名称	氧化物含量/%									
			SiO_2	Al_2O_3	TiO_2	Fe_2O_3	FeO	MnO	MgO	CaO	K_2O	Na_2O	P_2O_5
1	集安横路东岔	斜长角闪岩	45.77	12.97	2.45	5.98	11.32	0.39	6.57	7.88	1.61	2.67	0.26
2	集安靳家炉沟	斜长角闪岩	75.93	8.13	0.28	1.06	2.48	0.13	11.63	8.45	2.67	2.88	0.62
3	集安土窑子	斜长角闪岩	53.29	14.03	0.66	4.87	4.71	0.17	8.29	6.02	1.46	3.65	0.07
4	集安哈塘沟	斜长角闪岩	54.09	14.20	0.38	3.24	4.28	0.15	9.33	2.60	2.25	3.67	0.45
平均			52.77	12.33	0.94	3.79	5.70	0.21	8.96	6.24	2.00	3.22	0.35

表8-1-9 滑石岩化学成分表

序号	采样位置	岩石名称	氧化物含量/%									
			SiO_2	Al_2O_3	TiO_2	Fe_2O_3	FeO	MnO	MgO	CaO	K_2O	Na_2O	P_2O_5
1	集安横路东岔	滑石岩	50.01	14.44	0.04	0.18	0.47	0.03	20.13	0.12	5.12	1.22	0.065
2	集安横路东岔	滑石岩	50.95	6.14	0.16	2.03	1.69	0.13	27.44	2.02	0.14	0.15	0.14
3	集安横路东岔	滑石岩	52.39	0.80	0.03	1.39	0.29	0.04	35.14	0.04	0	0.11	0.01
4	集安横路东岔	滑石岩蚀变带	39.35	14.11	0.15	0.73	0.83	0.13	31.10	0.04	0.76	0.63	0.095
5	集安横路东岔	滑石岩蚀变带	47.19	7.71	0.09	1.74	0.07	0.21	26.11	4.25	1.04	0.08	0.03
6	集安邱家沟二号矿体	滑石岩蚀变带	36.49	16.57	0.14	1.61	0.93	0.09	30.32	0.12	0	0.15	0.06
7	集安土窑子	滑石岩	62.21	0.56	0.06	0.63	0.97	0.02	20.35	0.16	0	0.08	0.20
平均			48.37	8.26	0.09	1.19	0.75	0.09	28.67	0.96	1.00	0.35	0.08

从以上数据以及前人对集安硼矿岩石化学方面数据分析认为,浅粒岩中钠高钾低,斜长角闪岩中富钛多铝,碳酸盐岩中镁高钙低,Ca/Mg=1:7。微量元素 Sr、Zr、Sn、Ca、Nb 较上覆荒岔沟岩组偏高,W、Zn、Ti、Zr、B、Nb 高于克拉克值,与原岩和沉积环境一致。白云岩、菱镁矿、水镁石等高镁矿物的出现,石膏的出现,硼的富集成矿,反映了水体盐度高。B、Zn、Ca、Pb、Ag、Sr、Mg 在地层中丰度高。硼矿石中 S 同位素测定结果 $\delta^{34}S_{CDT}$ 为 9.1‰~17.29‰,与蒸发盆地 S 同位素组成相吻合,见表8-1-10。

表 8-1-10 蕴矿层各类岩石主要化学成分对比表

序号	岩石名称	氧化物含量/%											备注
		SiO_2	Al_2O_3	TiO_2	Fe_2O_3	FeO	MnO	MgO	CaO	K_2O	Na_2O	P_2O_5	
1	金云母岩	40.29	7.01	0.60	1.43	0.76	0.12	32.76	1.21	2.42	0.22	0.13	3个样平均
2	滑石岩	48.37	8.26	0.09	1.19	0.75	0.09	28.67	0.96	1.00	0.35	0.08	7个样平均
3	透辉石岩	41.21	9.13	0.18	1.4	0.81	0.12	31.64	1.62	2.41	0.18	0.32	2个样平均
4	斜长角闪岩	52.77	12.33	0.94	3.79	5.70	0.21	8.96	6.24	2.00	3.22	0.35	4个样平均
5	蛇纹岩	40.10	0.48	—	2.92	—	—	39.44	1.64	—	—	—	15个样平均
6	碳酸盐岩	—	—	—	—	—	—	36.02	7.19	—	—	—	3个样平均

3) 蕴矿层分布规律

各类岩石垂向上和水平方向交替与过渡具一定规律,见图 8-1-2—图 8-1-4。

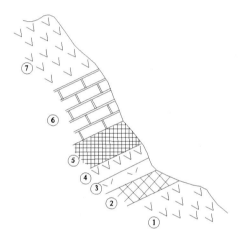

图 8-1-2 吉林省小东沟采场剖面素描图
(据李庆森等,1983)
①黄绿色蛇纹岩;②硼镁石蛇纹岩;③磁铁矿蛇纹岩;
④黑绿色蛇纹岩;⑤条带状磁铁-硼镁石矿;⑥含蛇纹
石白云石大理岩;⑦黄绿色蛇纹岩

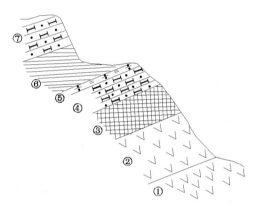

图 8-1-3 吉林省小东沟南山采场示意剖面图
(据李庆森等,1983)
①黑绿色蛇纹岩;②黄绿色蛇纹岩;③硼镁石矿;
④⑦透辉微斜变粒岩;⑤金云透辉透闪岩;⑥含硼
镁石蛇纹岩

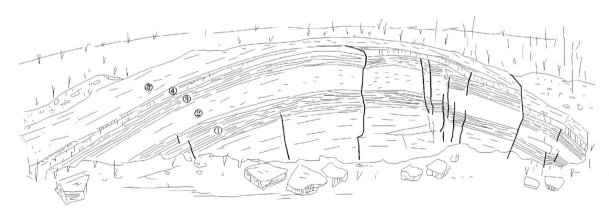

图 8-1-4 吉林省二驴子采场素描图(据李庆森等,1983)
①条带状硼镁铁矿蛇纹岩(含少量硼镁石);②蛇纹岩;③条带状硼镁铁矿蛇纹岩(含少量硼镁石);
④黑云变粒岩(厚40cm);⑤稀疏硼镁铁矿条带状蛇纹岩

在垂向上以韵律变化为特点,交替总趋势是:

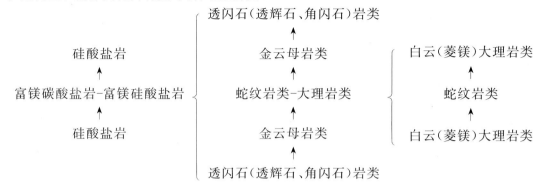

在水平方向上,以急剧相变为特征,其趋势是:

透闪岩类　　　　　　　　　　　　　　　　透闪岩类
透辉岩类←金云母岩类←蛇纹岩类→金云母岩类→透辉岩类
角闪岩类　（滑石岩类）　　　　（滑石岩类）　角闪岩类

4)变质作用与成矿关系

中元古界集安岩群普遍遭受区域变质及混合岩化作用,混合岩化作用产生热能使 B 元素发生活化迁移,向有利于硼赋存部位迁移富集成矿,使矿源层中硼局部集中,形成工业矿体。混合岩化作用产生热液交代围岩(镁质大理岩)生成硼镁石。

$2MgCO_3 + H_4B_2O_5 \longrightarrow Mg_2B_2O_5 \cdot H_2O(硼镁石) + H_2O + 2CO_2 \uparrow$

区域上由西向东混合岩化作用逐渐增强,硼矿化亦增强。

含矿岩系或含矿层沉积之后,经受了较强的区域变质作用(中压区域变质作用),使这一套含矿岩系及含硼矿床受到改造,其变质相为低角闪岩相,即基性火山岩变为角闪质岩石,中酸性火山岩(可能含沉积碎屑岩)变为变粒岩、浅粒岩,海相碳酸盐岩变为镁质大理岩,而电气石英岩、电气变粒岩在其他含电气石变粒岩恰是原始沉积的粒状岩石经区域变质地层改造的产物。原始沉积的硼矿体(硼酸盐)受热液变质后,成为硼硅酸盐,形成板状硼镁石或遂安石组合,在富铁的条件下,形成硼镁铁矿组合,这就表明区域变质作用对成矿有重要意义,因此硼矿总是与低角闪岩相有关(王宏光等,1987)。

3. 构造控矿

构造是控制矿床的形成、分布的重要因素,它控制含矿建造的形成,提供岩浆侵位、矿液的运移、富集沉淀的通道和空间。不同的构造发展阶段控制不同矿床的形成,不同级别的构造控制着不同级别的矿带、矿田的分布。壳断裂切割较深,规模也较大,往往控制上叠盆地的形成发展,控制与盆地沉积建造有关的矿产分布,如古元古代沉积盆地,也控制这一地区金、铁、铜、铅、锌及煤、硼、石膏等非金属矿产等。

(1)硼矿区地质构造基本特征:硼矿区大地构造位置属于通化-集安台穹构造单元,由次级复式褶皱带所组成,总体构造方向沿北东方向展布。

(2)构造运动与成矿作用:五台构造运动,使古元古代裂谷的海相火山碎屑岩-碳酸盐岩发生较强烈变质、变形,产生了多期变形的叠加和浅—中等程度变质作用,五台期形成了沉积变质型石墨矿床、变质热液型硼矿床。

(3)不同性质、不同特点断裂构造与成矿作用:不同方向断裂构造交会部位是有利成矿部位。两组断裂构造相交往往也是侵入岩、火山岩喷发侵位的部位,容易成矿,如集安地区成矿带就是北东向断裂与北西向断裂交会控制的,区域化探异常显示了北东成带、北西成行的特点。

(4)褶皱构造的控矿作用:沉积变质矿床、沉积矿床、部分变质热液矿床均受褶皱构造控制,如大横路铜钴矿床、三半江石墨矿床、高台沟硼矿床均受后期北东向宽缓褶皱控制;沉积变质矿床由于受多期变质变形作用改造,其产状、形态十分复杂,单一矿体多次褶皱后变成多层矿重复或者形成钩状等复杂形态,往往在褶皱转弯处、背向斜核部矿体变厚、品位变高。

元古宙变形褶皱以古元古代集安期最为强烈,多数学者认为太古宙克拉通的裂开给含矿岩系的形成创造了有利条件。也有人认为含矿岩系的形成处在优地槽体系大陆边缘海沟环境。古元古代裂谷的火山碎屑岩-碳酸盐岩都经历了多期变质变形,形成多期褶皱构造叠加,构造复杂。硼矿集区褶皱控矿大部分硼矿床分布在花甸子弧形褶皱带中,褶皱带位于花甸子至大蚊子沟一带,由集安岩群蚂蚁河岩组组成,地层走向由西到东,南东东—东西—北东东变化,呈向南突出的弧形构造。其中有二道沟门倒转背斜、元宝山向斜、北沟背斜、甲乙川北向斜及二驴子沟背斜等,除了甲乙川、东葫芦沟里、高丽沟、三道阳岔、文字沟岭等少数矿床产在背斜中,高台沟矿床产于向斜内之外,多数产在上述褶皱的翼部单斜层中。

从已知硼矿床矿体赋存部位看,大多数矿体赋存于褶皱核部,据区内 22 个硼矿床统计,矿体大部分赋存于褶皱轴部。如高台沟硼矿床 13 个矿体中有 9 个赋存于褶皱轴部,小东沟硼矿床中有 11 个赋存于褶皱轴部,此外薪家炉沟、高台沟里、小西沟、小爷岭、东岔等硼矿床矿体绝大部分赋存于褶皱轴部。

4. 侵入岩控矿

岩浆成矿作用主要提供热能、热液及成矿物质,在不同矿床中,岩浆起到的作用也不尽相同。古陆核裂陷槽进一步发展扩大,致使地幔物质大幅度上涌,大量基性—中酸性岩浆喷出,导致地壳沉陷,形成裂谷盆地,地表呈现海相蒸发盐环境,沉积物中堆积大量来自古陆壳风化富矿物质,形成富含碳、硼、镁质碳酸盐,后期形成高台沟式硼矿等。

硼矿区内主要岩浆岩有古元古代重熔型钾长花岗岩、斜长花岗岩、伟晶岩脉及中基性—超基性岩。在中基性脉岩附近,特别是在伟晶岩脉附近形成蚀变带,并使 B 元素短距离局部迁移富集。

三、矿床空间分布规律

吉林省硼矿位于辽东—吉南地区我国重要的硼矿成矿区带内,硼矿床自西向东沿营口—凤城—宽甸—集安一线呈带状分布,构成世界知名的辽东-吉南硼矿带。

吉林省硼矿产资源分布比较集中,主要在集安地区密集分布,同世界和国内硼矿床一样受地质构造环境的控制,为元古宙吉南裂谷或坳陷内,其下部为含硼蒸发岩建造,中部为石墨碳酸盐岩-中基性火山岩多金属建造,分别构成硼矿和多金属矿源层,受古元古界集安岩群蚂蚁河岩组层位控制。

含矿层从顶至底有明显的不对称的"壳状"分带,硅化白云石大理岩→滑石化菱镁大理岩→黄绿色菱镁蛇纹岩→暗绿色蛇纹岩→硼矿(最高 3 层)→暗绿色蛇纹岩→黄绿色菱镁蛇纹岩→滑石化菱镁大理岩(含硬石膏)→硅化白云石大理岩。分带表明 MgO、B_2O_3 由含矿层顶、底向中心逐渐增高,而 CaO、SiO_2 则有逐渐降低趋势。

古元古代克拉通裂开,形成裂谷环境(为优地槽型沉积),形成有含硼岩系(硼矿)、高铝岩系(石墨矿)、浊积岩系及由于火山活动形成有硫铁矿,还伴有水镁石等非金属矿物。所在层位的原岩为碎屑岩、半黏土岩、泥灰岩、碳酸盐岩及火山岩。这种处于还原环境下的沉积物普遍含有黄铁矿及碳质,经过区域变质作用及混合岩化作用形成了硼等非金属矿产。

四、矿床时间分布规律

吉林省硼矿的成矿作用在时间上的演化反映了古陆裂谷成矿特征,基本上与地质构造运动的叠加相吻合，揭示二者有共同的地球动力学机制。同时成矿作用一般都发生在构造事件的早期或晚期，如古元古代的硼、石墨、铅锌、铜钴、铁等成矿作用。

含硼岩系在元古宙形成，同位素年龄在1963~1544Ma区间之内，它可能代表古元古代主要变质成矿时期。

在成矿地质特征上也反映了多期、多阶段性；从探明储量上看，硼矿均形成于元古宙，从含矿建造普遍具有较稳定的条带状构造分析，沉积环境中水体相对平稳，而且物化条件具有周期交替变化特点，根据条带构造在垂向和水平方向上过渡为斑状构造，以矿层中部斑状（块状）构造居多的特点，说明介质水动力条件和沉淀方式具有因时空而改变的特点，而斑状（块状）构造应形成于相对稳定的时期和不易为韵律变化所影响的深水环境，这样的环境一般应是当时的沉积中心，从时间上说，硼主要富集于硼沉积的中期。

五、矿床形成矿源体和成矿物质来源

裂谷早期拉开阶段（蚂蚁河期），已形成初始陆壳在水平拉张应力作用下，开始裂解，地壳快速沉降，火山物质大量涌出，喷出物主要为一套基性火山岩并具有偏碱性的特点，其岩石化学富碱、低镁的特征，显然与洋中脊（洋壳）型玄武岩有明显的不同，可能代表了大陆岩石圈减薄过程中的产物，似乎暗示陆壳拉分打开过程的产物。孙敏等（1996）在详细研究相邻的辽宁宽甸地区相同地层（被称之为宽甸杂岩）后曾得出这样的结论，"宽甸杂岩的母岩浆来源于再循环地壳物质混染的地幔源"，其中"角闪质岩石的原岩成因类型为大陆溢流玄武岩，与冈瓦纳大陆裂开产生的Karoo和Tasmania等大陆溢流玄武岩相类似，具有Dupal异常特征，表明中朝克拉通东北部在古元古代（2.4~2.3Ga）曾存在过类似于南半球中生代的异常地幔，并获得2390Ma的测年资料"。就沉积作用而言，由于裂谷早期地壳沉降速度较快，海平面上升速度较慢，裂谷盆地处于欠补偿沉积阶段，由于火山作用形成火山潟湖盆地，其中可见的非火山沉积物主要为少量硬砂岩及蒸发盐岩沉积，后者主要为一套富镁碳酸盐（普遍蛇纹石化）夹硼镁石岩及石膏，多数学者认为属局限海内蒸发盐系，个别学者（彭齐鸣，1994）甚至认为属陆相红色膏盐岩系。

裂谷初期的红色沉积、含膏盐沉积的含硼岩系，产变质蒸发岩型硼矿，形成硼-石棉-玉石非金属成矿系列，代表性矿床有高台沟硼矿。

元古宙主要成矿元素的迁移富集规律是以古元古代海相火山-沉积作用形成的地质体为初始矿源层，在元古宙地层为成矿提供矿质的前提下，发育的碳酸盐岩对含矿热液的储存和交代作用的进行提供了有利条件和空间。

六、成矿地质历史演化轨迹及区域成矿模式

吉林省东部山区地质构造演化经历了前寒武纪、古生代、中新生代三大发展阶段，均反映了地壳演化发展不同阶段的构造变形变质特点及其相应的地质构造。硼矿成矿地质历史演化轨迹主要经历元古宙吉南克拉通裂开，形成裂谷环境（为优地槽型沉积）发展阶段，见图8-1-5。

集安岩群变质岩系位于辽吉元古宙裂谷系东段，即省内集安及两江地区。古克拉通高—中级变质岩系广泛发育，区域变质作用发生在早期古陆壳基础上的裂谷、裂陷槽形式，拉张增生过渡壳环境，变质作用的负压条件和热流值分布很不均匀，因此变质带的分布由太古宙大面积高温低压等轴性构造转化为混杂平行的透镜状和条带状构造。集安岩期（元古宙）裂谷的构造背景及环境，形成了以硼、石墨和铅、锌、铜、钴、滑石为主的成矿作用。

火山活动的特点是从海相火山活动向陆相火山活动演化的轨迹。

第八章 吉林省硼矿成矿规律总结

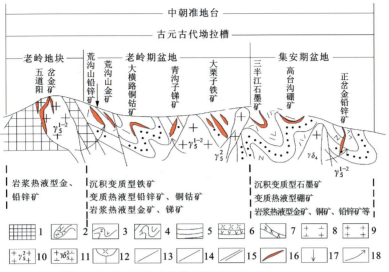

图 8-1-5 区域成矿模式图(据陈尔臻等,2001 修改)

1.太古宙古陆核;2.中新太古代绿岩带(原岩为裂陷槽中基性火山、碎屑沉积); 3.古元古代裂谷早期(集安期)碎屑岩-碳酸盐岩-火山岩沉积建造;4.古元古代晚期(老岭群)碎屑岩-碳酸盐岩沉积建造;5.新元古代—古生代海相碎屑岩-碳酸盐岩沉积建造;6.中生代陆相中酸性火山岩沉积建造;7.五台期辉绿辉长-橄榄苏长岩、辉长岩-二辉橄榄岩;8.海西期二长花岗岩、石英闪长岩;9.印支-燕山期花岗岩类;10.燕山期花岗岩;11.燕山期闪长岩类;12.次火山岩;13.超岩石圈断裂;14.壳断裂;15.韧性剪切带;16.矿体;17.大气降水及方向;18.热液或成矿物质运移方向

综合上述成矿规律,总结吉林省集安地区硼矿区域成矿模式为古元古代初期太古宙克拉通裂开,火山喷发活动将深部富钠、富硼(局部富铁)火山物质带入海水盆地,以 B^+ 形式溶于海水中。在闭塞海盆地,气候干旱,蒸发大于补给,使海水浓缩,硼以氧化物形式沉积于地层中,形成含硼岩系。在 1900Ma 左右(吕梁运动)裂谷回返并发生区域性变质变形及大量花岗质岩浆底辟侵入就位,并有小的伟晶岩岩枝等侵入到含矿层中,使 B 元素再次活化、迁移,局部富集。

找矿方向及找矿标志:

(1)吉林省集安地区硼矿产于古元古界集安岩群蚂蚁河岩组中,严格受层位控制。

(2)硼矿体直接围岩为高镁质蛇纹石化白云质大理岩、蛇纹岩。含矿层厚度越大,蛇纹石化越强,则矿化越好。矿体规模大、品位高,矿石品位与镁质含量成正比。

(3)混合岩化强度与矿化强度有关。混合岩化增强,矿化亦增强。混合岩化作用强处是找富矿的有望地段。

(4)蚂蚁河岩组三段底部即第二含矿层上部往往有一层较稳定的电气石变粒岩。距离上部含矿层距离各处不一,一般 30~70m,是找矿有利标志。

(5)褶皱变形控矿。特别是两期以上褶皱叠加部位为最佳控矿部位。从研究变形构造入手,寻找两期褶皱叠加部位,寻找盲矿体。含矿层厚大部位往往是两期以上褶皱叠加部位。

(6)含硼岩系(蚂蚁河岩组)之上荒岔沟岩组,主要由陆源物质沉积形成,少量为火山物质。荒岔沟岩组厚处则应为靠近古陆,远离海盆中心,不利于硼矿的形成。荒岔沟岩组薄处则应为远离古陆,陆源物质补给少,相对则近海盆中心,有利于硼矿的形成。因此荒岔沟岩组薄处是寻找硼矿的远景区。

第二节 成矿区(带)划分

根据吉林省硼矿的控矿因素、成矿规律、空间分布,在参考全国成矿区(带)划分(陈毓川和王登红,2010)、全国化工矿产资源潜力评价项目中国硼矿成矿区带划分方案资料,综合吉林省成矿区(带)划分的基础上,对吉林省硼矿种成矿区(带)进行了详细的划分,见表8-2-1。

表 8-2-1 吉林省硼成矿区带划分表

Ⅰ级	板块	Ⅱ级	Ⅲ级	成矿亚带	Ⅳ级	成矿背景	Ⅴ级	代表性矿床
Ⅰ-4滨太平洋成矿域	华北板块成矿省	Ⅱ-14华北(陆块)成矿省	Ⅲ-56辽东(隆起)硼成矿带	Ⅲ-56-②营口-长白(次级隆起、Pt_1裂谷)硼成矿亚带	Ⅳ17集安-长白硼成矿带	古元古界蚂蚁河岩组;褶皱构造、北北东向或北东向、北西向及近东西向3组断裂构造;元古宙伟晶岩控矿	Ⅴ56正岔-复兴硼找矿远景区	高台沟硼矿床

吉林省硼矿区带仅划一个成矿带,即辽东(台隆)硼成矿带,位于辽东半岛—中朝边界地区,属辽东裂谷区,集安-长白硼成矿带,主要为一套古元古代区域变质混合岩系,且蚀变强烈。

本区是我国重要的硼矿富集区,同时尚有金、滑石、菱镁矿、石墨、铁等多种矿产,区内含硼岩系为古元古界集安岩群蚂蚁河岩组含硼变粒岩段及铁镁硼酸盐岩组,且层位稳定、蚀变强烈,为沉积变质型硼矿。

成矿构造背景为古元古代辽东裂谷,控矿构造为北北东向或北东向、北西向及近东西向3组断裂构造,含矿层位为蚂蚁河岩组含硼变粒岩及铁镁硼酸岩建造,古元古代伟晶岩控矿明显。典型矿床吉林高台沟硼矿,与辽宁凤城县翁泉沟硼矿、辽宁宽甸庙沟硼矿位于同一区域成矿带内。

第三节 区域硼矿成矿规律图编制

通过对硼矿种成矿规律研究,根据典型矿床到预测工作区成矿要素及预测要素的归纳总结,编制了吉林省硼矿区域成矿规律图。

吉林省硼矿区域成矿规律图中反映了硼矿床、矿点、矿化点及与其共生矿种的规模、类型、成矿时代;成矿区(带)界线及区(带)名称、编号、级别;与硼矿种的主要和重要类型矿床勘查和预测有关的综合预测信息;主要矿化蚀变标志;突出显示矿床和远景区及级别。具体编图步骤如下:

(1)吉林省区域成矿规律图选择比例尺1:50万。

(2)底图的选择。采用综合地质构造图。

(3)矿床的表示。矿种、规模(中型、小型、矿点)、类型、时代、共生、伴生有益元素、矿床编号等。

(4)有关的物探、化探、重砂异常资料。根据具体情况决定表达的内容和方式,原则是既要体现成矿规律,又要便于成矿预测。

(5)划分成矿区(带)及成矿密集区(简称矿集区)。Ⅰ—Ⅲ级成矿区(带)的划分由项目成矿规律综合组负责完成,前期工作参照已有的90个Ⅲ级成矿区带的划分方案(徐志刚等,2008)。成矿区(带)强调总体成矿特征和成矿条件,矿集区强调矿产资源本身的分布特征,矿集区的级别接近于Ⅳ级成矿区

（带），对应于Ⅴ级，分布面积在300～800km² 之间，各矿集区存在已知矿床，并根据矿床的规模、数量、密集程度对矿集区进行分类。在吉林省成矿规律图上划分到Ⅴ级矿集区。

（6）提交与成矿规律图上表示的矿产地相对应的数据库表格及说明书，图面上仅有中、小型矿床，没有大型以上的矿床。

根据以上内容编制成矿规律图。图件编制表达形式、图例等须按技术要求统一规定进行。成矿规律图附有吉林省、区编号的矿床成矿系列表和矿床统一编号表。此外还编制地球物理、地球化学异常分布及遥感解译图层、成矿远景区、找矿靶区预测图层。

在上述图件及图层基础上，按预测子项目技术要求编制吉林省成矿预测图及矿产勘查部署建议图。

第九章　勘查部署建议

第一节　已有勘查程度

硼矿是吉林省主要非金属矿产、优势矿种之一,硼储量居全国第五位,集中产于吉林省集安市内,中朝准地台东北部的辽东吉南地区,已有产地24余处,包括集安市二道阳岔硼矿、集安市高台沟硼矿,其中高台沟中型矿床储量占全省50%以上,其余为小型和矿点多处。

吉林省硼矿属沉积变质型矿床,产于中元古界集安岩群蚂蚁河岩组。硼矿体受蛇纹石化大理岩控制,多隐伏状成群出现。矿石为硼镁石蛇纹岩型,I级品储量占全省72%,其中高台沟矿占63%。1986年开采产地7处,为高台沟、东岔、梨树沟、二道阳岔、文字沟、邱家沟、五一四等硼矿。高台沟由省化学公司开采,其余由县乡开采。20世纪80年代初期,开展集安地区第二轮普查时,完成了四道河子硼矿详查评价,提交了1处隐伏的硼矿床。

第二节　矿业权设置情况

截至2010年底吉林省硼矿有效矿业勘查登记区块,详查3个,普查10个,共计13处。

第三节　勘查部署建议

根据吉林省硼矿的成矿规律,结合本次工作成果(表9-3-1),对吉林省硼矿划分1个勘查部署建议工作区,1个重点勘查项目。

勘查部署建议图编制如下。

(1)根据经济社会发展对矿产资源需求和重要成矿区带空间布局研究,坚持当前急需与长远需求相结合进行资源评价工作部署。

(2)研究矿产远景调查、预查、普查不同层次工作相互制约、递进层次的关系,进行资源评价工作部署。

(3)根据矿产预测成果进行资源评价工作部署。

(4)编制1∶50万吉林省矿产资源勘查工作部署图。工作部署详见表9-3-1。

表 9-3-1　勘查部署建议表

部署建议区编号	部署区名称	部署区等级	中大比例尺填图工作	物探工作建议	化探工作建议	遥感工作建议	勘查工作建议	预期成果
220001	高台沟部署建议区	省重点	1∶5万地质填图1000km²，1∶1万地质填图30km²	地面电法	1∶5万化探1000km²	遥感解释1000km²	普查面积30km²	1200×10^3 t 硼矿

第四节　勘查机制建议

以需求为导向，坚持区域综合部署：根据国民经济建设和社会发展战略性矿产勘查工作的需求，以国家需求为导向，优化地质调查区域结构和布局，统一部署矿产地质调查评价。

以整装性大成果为目标：按照国家和经济发展的需求，研究地质调查大项目部署，通过大项目的实施，实现整装性大成果，增强地质调查工作的支撑能力、社会服务和影响力。

以统筹部署为手段：加强重点成矿区带与重要经济区地质调查工作统一部署，促进各类资金有效衔接，提高地质调查工作的效率与水平，充分放大公益性地质调查工作的影响力和辐射力。

第十章 总 结

一、主要成果

(1) 较系统地收集了吉林省各项地质资料,对吉林省岩石地层分区、大地构造分区、构造岩浆岩带划分和变质地质单元进行了初步划分和总结,建立了比较完整的区域地质构造格架,编制了成矿地质背景系列图件,为成矿规律研究和矿产预测提供了基础资料。

(2) 完成了全省硼矿1个预测方法类型共1个预测工作区的地质构造专题底图的编制、1份编图说明书,附有图件的质量检查记录;对相关物化遥资料地质解释成果进行了研究和表达。预测方法类型划分正确;预测工作区涵盖了相关含矿建造。

(3) 总结了吉林省硼矿勘查研究历史及存在的问题、资源分布;划分了硼矿矿产预测类型;研究了硼矿成矿地质条件及控矿因素,建立了高台沟式沉积变质型硼矿典型矿床和预测工作区成矿要素和成矿模式,建立了变质型预测要素和预测模型,总结了预测区及全省硼矿成矿规律。

(4) 用地质体积法预测了全省硼矿不同级别的资源量。圈定了A级和B级找矿远景区各1处。

(5) 提出了吉林省硼矿勘查工作部署建议。

二、质量评述

吉林省硼矿资源潜力评价按照全国项目组统一的技术要求所规定的工作程序、技术方法及工作内容进行,提交的报告和图件资料比较齐全,成果报告内容较全面,基本符合全国矿产资源潜力评价的技术质量要求和验收标准。

主要参考文献

陈尔臻,彭玉鲸,韩雪,等,2001.中国主要成矿区(带)研究(吉林省部分)[R].长春:吉林省地质矿产勘查局.

陈毓川,王登红,2010.重要矿产和区域成矿规律研究技术要求[M].北京:地质出版社.

陈毓川,王登红,2010.重要矿产预测类型划分方案[M].北京:地质出版社.

陈毓川,1999.中国主要成矿区带矿产资源远景评价[M].北京:地质出版社.

范正国,黄旭钊,熊胜青,等,2010.磁测资料应用技术要求[M].北京:地质出版社.

胡墨田,王培君,1993.辽东—吉南地区硼矿床地质特征及成矿规律[J].化工地质(3):23-30.

吉林省地矿局6101队,1966.吉林省集安市高台沟硼矿床地质勘探报告[R].长春:吉林省地矿局6101队.

吉林省地质矿产局,1989.吉林省区域地质志[M].北京:地质出版社.

吉林省第四地质调查所,1989.1/5万区域地质调查报告清河幅(K-51-96-D)[R].通化:吉林省第四地质调查所.

贾汝颖,1988.吉林省的矿产资源[J].吉林地质(2):50-59.

李春昱,汤耀庆,1983.古亚洲板块划分以及有关问题[J].地质学报,57(1):1-9.

李庆森,1983.辽东—吉南硼铁矿成矿区成矿远景区划[R].辽宁地矿局,吉林地矿局.

李雪梅,2009.辽东—吉南硼矿带硼矿成矿作用及成矿远景评价[D].长春:吉林大学.

潘桂棠,肖庆辉,陆松年,等,2009.中国大地构造单元划分[J].中国地质,36(1):1-28.

彭齐鸣,许虹,1994.硼同位素地球化学及其示踪意义[J].地质地球化学(5):55-59.

彭玉鲸,苏养正,1997.吉林中部地区地质构造特征[J].沈阳地质矿产研究所所刊(5/6):335-376.

彭玉鲸,王友勤,刘国良,等,1982.吉林省及东北部邻区的三叠系[J].吉林地质(3):5-23.

彭玉鲸,翟玉春,张鹤鹤,2009.吉林省晚印支期—燕山期成矿事件年谱的拟建及特征[J].吉林地质,28(3):1-5.

钱大都,1996.中国矿床发现史(吉林卷)[M].北京:地质出版社.

施俊法,唐金荣,周平,等,2010.找矿模型与矿产勘查[M].北京:地质出版社.

孙敏,张立飞,吴家弘,等,1996.早元古代宽甸杂岩的成因:地球化学证据[J].地质学报,70(3):207-222.

通化市矿产勘查开发中心,2005.吉林省集安市高台沟硼矿资源储量核实报告[R].通化:通化市矿产勘查开发中心.

王宏光,1987.吉林省区域矿产总结报告[R].长春:吉林省地质矿产局区域地质调查所.

王显武,韩雪,1989.吉林省集安地区硼矿成矿规律研究[J].吉林地质(1):72-76.

向运川,任天祥,牟绪赞,等,2010.化探资料应用技术要求[M].北京:地质出版社.

熊先孝,薛天兴,商朋强,等,2010.重要化工矿产资源潜力评价技术要求[M].北京:地质出版社.

徐志刚,陈毓川,王登红,等,2008.中国成矿区带划分方案[M].北京:地质出版社:71-74.

叶天竺,姚连兴,董南庭,等,1984.吉林省地质矿产局普查找矿总结及今后工作方向[J].吉林地质(3):77-81.

于学政,曾朝铭,燕云鹏,等,2010.遥感资料应用技术要求[M].北京:地质出版社.

翟裕生,1999.区域成矿学[M].北京:地质出版社.

张秋生,1984.中国早前寒武纪地质及成矿作用[M].长春:吉林大学出版社.